Andrea Hartmair
ManagerMama

AF285989

Wir übernehmen Verantwortung! Ökologisch und sozial!

- Verzicht auf Plastik: kein Einschweißen der Bücher in Folie
- Nachhaltige Produktion: Verwendung von Papier aus nachhaltig bewirtschafteten Wäldern, PEFC-zertifiziert
- Stärkung des Wirtschaftsstandorts Deutschland: Herstellung und Druck in Deutschland

ANDREA HARTMAIR

MANAGER-MAMA

Familie und Karriere erfolgreich
in Einklang bringen

Externe Links wurden bis zum Zeitpunkt der Drucklegung des Buches geprüft.
Auf etwaige Änderungen zu einem späteren Zeitpunkt hat der Verlag keinen Einfluss.
Eine Haftung des Verlags ist daher ausgeschlossen.

Ein Hinweis zu gendergerechter Sprache: Die Entscheidung, in welcher Form alle
Geschlechter angesprochen werden, obliegt den jeweiligen Verfassenden.

Bibliografische Information der Deutschen Nationalbibliothek

Die Deutsche Nationalbibliothek verzeichnet diese Publikation in der
Deutschen Nationalbibliografie; detaillierte bibliografische Daten
sind im Internet über http://dnb.d-nb.de abrufbar.

ISBN 978-3-96739-204-3

Lektorat: Susanne von Ahn, Hasloh
Umschlaggestaltung: Guido Klütsch, Köln
Umschlagabbildung: © Shutterstock # 1837537153 / Volodymyr TVERDOKHLIB
Autorenfoto: © privat; Fotografin: Fany Fazii
Illustrationen: Dipl.-Ing. Klaus Stöckert
Satz und Layout: Das Herstellungsbüro, Hamburg | www.buch-herstellungsbuero.de
Druck und Bindung: Salzland Druck, Staßfurt

Wir drucken in Deutschland.

www.gabal-verlag.de
www.gabal-magazin.de
www.facebook.com/Gabalbuecher
www.twitter.com/gabalbuecher
www.instagram.com/gabalbuecher

PEFC-zertifiziert
Dieses Produkt
stammt aus
nachhaltig
bewirtschafteten
Wäldern und
kontrollierten Quellen
PEFC/04-31-2251   www.pefc.de

Inhalt

Vorwort

von Laura Gersch, CFO der Allianz Versicherungs-AG

Ich liebe es, Mama von zwei wundervollen Jungs zu sein, und ich liebe es, Managerin zu sein. Geht beides gleichzeitig? Definitiv ja. Ist es immer einfach? Nein. Manchmal ist es schlafarm, anstrengend und anspruchsvoll. Aber meist erfüllend, abwechslungsreich, wunderbar. Und jeden Tag aufs Neue eben genau mein Weg, meine Geschichte. Jede und jeder sollte in Deutschland (und überall) die Möglichkeit haben, ihren / seinen Weg zu gehen. Und das gilt nicht nur für die ManagerMamas, sondern auch für die *Polizistin-Mama*, die *Ärztin-Mama*, die *Kindergärtnerin-Mama*, die *Lehrerin-Mama* – und natürlich auch für die *Vollzeit-Mama*.

Man sollte meinen, dass das in Deutschland im Jahr 2024 auch möglich ist. Junge Frauen und Männer sind heute gleich gut ausgebildet, 53 Prozent der Studienabsolvent:innen sind weiblich.[1] Zu Beginn ihrer Karriere verdienen sie mittlerweile auch etwa gleich viel. Ziemlich ideal, könnte man meinen. Weit gefehlt. Denn auch im Jahr 2024 wird all das ab einem Moment gefühlt vergessen: dem Moment des Kinderkriegens.

Manche nennen es sogar *Motherhood Penalty*, also Strafe fürs Muttersein. Das durchschnittliche Lebenserwerbseinkommen liegt in Westdeutschland bei Frauen und Männern mit zwei Kindern bei 0,6 Millionen versus 1,6 Millionen Euro. Das bedeutet: Frauen mit zwei Kindern verdienen über ihr gesamtes Leben eine Million Euro weniger als die Väter.[2]

Natürlich geben einem Kinder ganz viel, was sich nicht in Geld aufwiegen lässt – das steht außer Frage. Zumindest aber, was das Finanzielle und die Absicherung angeht, ist Motherhood Penalty vielleicht doch keine Übertreibung.

Hinzu kommt eine im Schnitt um 40 Prozent[3] niedrigere Rente bei Frauen. Das ist der höchste Gender-Pension-Gap in den OECD Ländern.[4] Doch warum gibt es heute, im Jahr 2024, noch die Motherhood Penalty und den Gender-Pension-Gap? Neben Pausen für Elternzeiten liegt das vor allem an der Intensität der Erwerbstätigkeit.

Mittlerweile sind 77 Prozent aller Frauen zwischen 20 und 64 berufstätig. Bei Männern ist der Anteil mit 85 Prozent nur ein bisschen höher.[5] Während allerdings knapp 90 Prozent der Männer Vollzeit arbeiten, sind es bei den Frauen nur etwas mehr als die Hälfte. Bei den Müttern arbeiten sogar 66 Prozent in Teilzeit.[6,7]

Natürlich möchte ich nicht über sehr persönliche und private Lebensentscheidungen urteilen. Jedoch merke ich in vielen Gesprächen, dass oft die langfristigen Implikationen von Entscheidungen im Hier und Jetzt nicht mitgedacht werden. Wie zum Beispiel eine deutlich niedrigere Rente.

Was mich jedoch besonders umtreibt, ist, dass 17 Prozent der Frauen in Deutschland gerne mehr arbeiten möchten.[8] Jede Einzelne von ihnen würde ich gern ermutigen, einen Weg zu finden, beides zu schaffen: Familie und Beruf. Und an jede, die sich für Vollzeit-Mama entscheidet, appellieren, in ihrer Partnerschaft #equalpension einzufordern. Ein Tipp: Einfach mal die Rentenbescheide nebeneinanderlegen. Dann ergibt sich das Gespräch meist von ganz allein.

Und gesamtgesellschaftlich gehe ich noch einen Schritt weiter: Wir können es uns nicht leisten, dass so viele Frauen in Deutschland nicht oder nur in Teilzeit arbeiten.

Das Bundesfamilien- und das Wirtschaftsministerium haben ausgerechnet, dass wir auf einen Schlag 800.000 mehr Arbeitskräfte hätten, wenn alle Frauen nur so viel arbeiten würden, wie sie gerne möchten.[9] Was für ein Potenzial, unsere Arbeitskräftelücke von aktuell etwa einer Million schnell und nachhaltig zu reduzieren.[10]

Was es dafür braucht? Aus meiner Sicht: flächendeckende und vollzeitnahe Kinderbetreuung sowie ein anderes Mindset in Deutschland.

- **Zur Kinderbetreuung:** Natürlich braucht es auch für die Kinderbetreuung Arbeitskräfte. Gerade im vorschulischen Bereich sind diese Arbeitsplätze nicht besonders attraktiv. Doch es muss möglich sein, dass wir es in Deutschland schaffen, ein Ganztagsbetreuungs- und -bildungssystem aufzubauen, wie es die meisten unserer Nachbarländer schon lange haben. Wir müssen diesem Thema endlich den Wert beimessen, den es verdient: als Investition in unsere einzige Ressource, das Know-how, und für mehr Gleichberechtigung in der Erwerbstätigkeit.

- **Zum Mindset:** Wenn ich mich mit ausländischen Kolleginnen unterhalte, sind sie immer total verwundert, dass in Deutschland so wenige Frauen Vollzeit arbeiten. Das Wort *Rabenmutter* gibt es in anderen Sprachen nur in der originären Bedeutung, nicht im übertragenen Sinne. Und persönlich kann ich – wie wahrscheinlich alle

Frauen in Deutschland, die Kinder haben und Vollzeit arbeiten –
abendfüllend Geschichten erzählen über Bemerkungen zu meinem
Dasein als Vollzeit arbeitende (Raben-)Mutter.

Leider werden Mütter ständig bewertet. Egal ob sie etwas tun oder
nicht. Vollzeit arbeitende Mütter sind Rabenmütter, Vollzeit-Mamas
sind »Latte Macchiato Mums« und Teilzeit arbeitende Mütter »machen nichts so richtig«.

Mein Credo: »happy parents, happy kids«. Kein Kind kommt auf die
Welt und erwartet, dass der Vater Vollzeit arbeitet und die Mutter immer da ist. Die Partnerwahl jedoch ist in der Tat entscheidend, denn
ohne einen Partner, für den Gleichberechtigung selbstverständlich ist,
wird es schwer.

Zudem bin ich überzeugt, dass man und frau durchs Elternsein so
unglaublich viel lernt, was einen auch beruflich weiterbringt: Organisationsfähigkeit, Resilienz, Anpassungsfähigkeit, Priorisieren. Um nur
ein wenig zu nennen.

Ich kann für mich definitiv sagen, dass ich beruflich nicht da wäre, wo
ich heute bin, wenn ich nicht meine Kinder bekommen hätte. Durch
sie habe ich im Schnellkurs Priorisieren und Delegieren gelernt. Und
allen voran eine Balance zwischen ganz verschiedenen Lebensberei-
chen, die mein Antrieb ist und mir Energie gibt.

Was ist deine Geschichte?

1. Intro

Das Jahr 2024 mag auf den ersten Blick wie eine bloße Zahl klingen, aber für berufstätige Mütter könnte es einen signifikanten Wendepunkt markieren. Dieses einleitende Kapitel öffnet das Fenster zu einer Welt, in der ManagerMama zu sein keine Ausnahme, sondern eine Norm ist. Eine Doppelrolle, die sowohl herausfordernd als auch ungemein bereichernd ist. Wir werden die sich wandelnde Landschaft der modernen Arbeitswelt erkunden, wie sie sich für Mütter darstellt, die es wagen, Karriere und Familie unter einen Hut zu bringen. Dieses Kapitel setzt den Rahmen für eine breite Diskussion über die Notwendigkeit von Veränderungen in der Arbeitswelt sowie über unser persönliches Mindset und bietet gleichzeitig praktische Einblicke und Inspiration für diejenigen, die diesen Weg einschlagen möchten oder die Rolle schon leben. Es hinterfragt traditionelle Arbeitsmodelle ebenso wie gesellschaftliche Einstellungen bis hin zu persönlichen Ansätzen. Es beleuchtet, wie alle Beteiligten Wege finden, Familie und Karriere in Einklang zu bringen, ohne dass sie sich zwischen beruflichem Erfolg und familiärem Glück entscheiden müssen.

2016 stieg ich selbst in folgende wundersame Geschichte ein: »Herzlichen Glückwunsch, Frau Hartmair, Sie bekommen Zwillinge!« Dieser Satz meiner Frauenärztin hat mich unvorbereitet mit aller Wucht umgehauen. Die nächsten Sätze von ihr hörte ich nur noch gedämpft, wie in Trance. Tränen flossen wie Sturzbäche, ich musste mich für den Tag erst einmal krankmelden. Nach diesen Neuigkeiten war mein erster Gedanke nicht, wie glücklich ich mich schätzen durfte, sondern: Das ist das Ende meiner Karriere. Warum? Weil ich schon viele Mütter kannte, die mit Kind oder Kindern nicht mehr gleichwertig in den Job zurückkehren konnten, wenn sie es auch noch so wollten – aus unterschiedlichen Gründen. In dem Augenblick wusste ich nicht, dass es beruflich jetzt erst richtig losgehen sollte. Das war für mich in dem Moment unvorstellbar, aber zu all dem später mehr.

Mein Plan, nach sechs Monaten in meiner Rolle als Marketingleitung weiterzuarbeiten, schien von einem Moment auf den anderen irreal – zwei Babys, die eigenen Eltern 250 Kilometer entfernt, erst ein halbes Jahr vorher von Bonn nach Tübingen umgezogen, soziales Netzwerk somit gen null. Wie sollte das gehen? Am selben Abend servierte ich meinem Mann einen Gin Tonic und legte ihm die neuen Ultraschallbilder neben sein Cocktailglas. Er wunderte sich kurz über den Drink am Montagabend und schaute sich neugierig die Fotos an. Ein zweiter Blick – da grinste er und überschlug sich sofort vor Freude: »Wir bekommen Zwillinge!«, jubelte er. In den Wochen danach und einem langen Urlaub kurze Zeit später sortierte ich mich erst einmal, bevor die Freude nach und nach auch bei mir ankam.

Die Monate bis zur Geburt verliefen entspannt. Ich konnte ganz normal weiterarbeiten und fand mich peu à peu in die Rolle der werdenden Mama ein. Erlaube mir einen kleinen Einschub an dieser Stelle: Ich habe mich so wenig wie möglich oder nur so viel wie nötig in die Tiefen des Mutterwerdens, die möglichen Probleme und 1000 Tipps, die man leicht findet, eingelesen. Dieses aus meiner Sicht gesunde Maß an Information hilft mir in allen möglichen Lebenssituation bis heute, gelassen und mit innerer Ruhe zu agieren. Wenn es dann mehr Input braucht, ist der schnell eingeholt, aber ich werde nicht schon im Vorfeld verrückt gemacht von der unendlichen Wissens- und Erfahrungsflut.

Vor dem Mutterschutz, in den ich am liebsten gar nicht gehen wollte, besprach ich mit meinem damaligen Vorgesetzten, wie das Team in meiner Abwesenheit geführt werden und wie es nach der Elternzeit weitergehen sollte. Er sicherte mir zu, dass er meine Stelle für ein Jahr freihalten würde. Wow! Und genau so war es dann auch. In dem Jahr ohne mich übernahmen zwei Teammitglieder die fachliche Leitung und wurden in dem Zuge zu Teamleitern befördert und weiterentwickelt. Auch das war für mich nach der Rückkehr ein Gewinn.

Schon während meiner Schwangerschaft wusste ich, dass ich keine Vollzeit-Mama sein möchte. Mein fester Plan war die Vereinbarung von Familie und Beruf, am liebsten weiterhin als Führungskraft, zumindest fest meine Karriere im Blick. An dem Plan hielt ich eisern fest, auch wenn ich schnell gelernt habe, dass Planen mit Kindern nicht mehr besonders nachhaltig funktioniert. Wie ein Vereinbarkeitsmodell schließlich aussehen kann, welche Voraussetzungen es erfordert und wie es gelingt, trotz Doppelrolle als liebevolle Mama und erfolgreiche Managerin in Balance zu bleiben, das soll dir dieses Buch beschreiben.

Vorweggenommen: Jede Konstellation von Paaren ist individuell – ob getrennt oder gemeinsam erziehend und erst recht alleinerziehend. Doch gibt es in allen Fällen Faktoren, die nachweislich helfen, die Mutterrolle mit dem beruflichen Erfolg zu vereinbaren, ohne dabei sich selbst, die Gesundheit und andere Facetten des Lebens aufgeben zu müssen.

Wenn du das Buch gelesen hast, wirst du dich bestätigt und motiviert fühlen, deinen Weg zu finden und zu gehen. Du wirst deine Tagesplanung vielleicht überdenken, festigen oder verändern. Möglicherweise wirst du das Buch anderen Mamas oder Müttern in spe empfehlen. Und idealerweise wirst du meine Vision unterschreiben und weiter mit in die Welt hinaustragen, sodass sich Mama-Sein und Karriere in Zukunft nicht mehr ausschließen.

Meine Vision von ManagerMama ist es, die Vereinbarkeit von Karriere und Familie 100 Prozent salonfähig zu machen.

In der Doppelrolle als liebevolle Mama und erfolgreiche Managerin steckt so viel mehr Potenzial, als viele denken – für beide Seiten: die Frauen mit ihrer Familie und die Unternehmen mit ihren Zielen. Meine Erfahrungen der letzten sieben Jahre haben mich gefordert – mehr als es jedes berufliche Projekt jemals tun wird – und genauso gestärkt und weiterentwickelt, wie es kein Training der Welt schaffen wird. Die wohl schönste Doppelrolle der Welt prägt und motiviert mich täglich maximal.

Papas, Unternehmen, liebe Welt – das geht uns alle an!

2021 habe ich meinen Blog ManagerMama.de gelauncht, weil ich meine Storys mit so vielen Frauen wie möglich teilen wollte, aber auch mit den dazugehörigen Vätern und Unternehmen, die die wichtigsten Counterparts sind. Doch der Blog reicht nicht. Es braucht viel mehr Stimme und Gewicht, um die nächsten Schritte zu gehen und alle Beteiligten in dem Konstrukt Familie / Karriere auf einen gemeinsamen Nenner zu bringen. Dieses Buch soll beleuchten, wo wir uns aktuell in Sachen Vereinbarkeit von Familie und Karriere befinden. ManagerMama, Illusion oder Realität? Welche Chancen und Herausforderungen haben wir? Wie schaffe ich es als Frau, die Balance in der Doppelrolle als Mama und Managerin zu bewahren?

Dazu erzähle ich viel aus meinem Alltag, lasse aber auch andere Mütter und Väter in Führung in Form von Interviews und Statements zu Wort kommen. Denn jede:r geht das Modell anders an, auch wenn all meine Interviewpartner:innen und Zitatgeber:innen eins gemeinsam haben: Sie meistern und lieben ihre Doppelrolle und setzen sich dafür ein. Dabei bleibt ein Blick in europäische Nachbarländer nicht aus. Impulse und Inspiration nehmen einen großen Teil des Buches ein mit dem Ziel, selbst kreativ zu sein und seinen persönlichen besten Weg zu finden und zu gehen.

Tauch mit mir ein in die Welt der ManagerMama.

2. Status quo: zwischen Tradition, Moderne und Zukunft

In diesem Kapitel beleuchte ich den aktuellen Zustand der Arbeitswelt für Frauen, die zwischen Familienpflichten und beruflichen Aspirationen jonglieren, aus verschiedenen Blickwinkeln. Durch eine Mischung aus persönlichen Geschichten und umfassenden statistischen Daten entsteht ein Bild der aktuellen Situation: von den Fortschritten bei der Gleichberechtigung bis zu den anhaltenden Herausforderungen wie dem Gender-Pay-Gap und dem Elterngeld. Wie hat sich die Rolle der Frau in der modernen Wirtschaft verändert? Welche strukturellen Hindernisse stehen Frauen heute noch im Weg? Und was kann getan werden, um diese zu überwinden? Dieses Kapitel bietet tiefgehende Einblicke in die Dynamiken, die den modernen Arbeitsmarkt formen, und schlägt Brücken zwischen individuellen Erfahrungen und gesellschaftlichen Trends. Es fordert dazu auf, über die Bedeutung von Geschlechtergerechtigkeit im Berufsleben neu nachzudenken, und zeigt, wie politische und persönliche Entscheidungen ineinandergreifen.

Zahlen, Daten, Fakten

Blicken wir zurück – etwa zur Generation unserer Eltern oder Großeltern –, gibt es schon gewaltige Unterschiede. Schauen und hören wir uns heute um, sind wir in vielen Dingen deutlich weiter, in manchen Bereichen stagnieren wir jedoch seit Jahren. Ziel ist es, künftig ohne Wenn und Aber die Chancen und Rechte für Väter und Mütter in jeder Hinsicht gleichzustellen. Das Geschlecht oder gar die Tatsache, ob ich Mutter oder kinderlos bin, darf kein Entscheidungsmerkmal mehr sein. Dabei stellen sich eingangs Fragen wie:

- Wie bist du erzogen worden hinsichtlich der Aufteilung von Erziehung und Betreuung durch Mutter und Vater?
- Welche Werte sind dir besonders wichtig?
- Was ist dir wichtig in Bezug auf Karriere und Familie ohne dabei an die Einflüsse und Erwartungen deines Umfelds zu denken?
- Wie sind deine Rahmenbedingungen aktuell und wie müssen sie aussehen, um deine Ziele zu verwirklichen?
- Aber auch: Wie stehst du zu den aktuellen Diskussionen um Elterngeld, Ehegattensplitting oder Equal Pay? Du als Managerin, angehende Führungskraft oder karrierebewusste Frau. Wahrscheinlich als Frau, die schon mehr als ein Einsteigergehalt verdient.

Fragen, über die es sich nachzudenken lohnt, die du für dich selbst ganz bewusst reflektieren und so konkret wie möglich beantworten solltest und die entscheidend für deinen individuellen Lebensweg sowie die Entwicklung unserer Gesellschaft sind. Warum? Weil die innere Überzeugung und Klarheit uns zu unserem Ziel führen. Ganz egal, wie das genau im Einzelfall aussehen mag. Es geht um eine persönliche und bewusste Entscheidung.

Elterngeld – ein deutsches Bundesgesetz seit 2011[11]

Neben persönlichen Fragen und Antworten finden wir in jedem Land gesetzliche und gesellschaftliche Rahmenbedingungen vor, die uns in der Phase als Eltern begleiten. Dabei geht es beispielsweise um Elterngeld, Equal Pay oder das Ehegattensplitting. Alles kein Hexenwerk, und dennoch steckt der Teufel im Detail. Die Themen sind komplex und vielschichtig. Besonders aus der Perspektive einer Managerin, die sowohl eine erfolgreiche Karriere als auch eine erfüllende Familienrolle anstrebt, ist es wichtig, die Details, aber auch die langfristigen Konsequenzen zu kennen. Elterngeld zu bekommen und Elternzeit zu nehmen, ist das eine, die Auswirkungen auf die Zeit, wenn die Kinder aus dem Haus sind oder wenn die Rente kommt, sind noch einmal etwas ganz anderes, eine oft unterschätzte oder verdrängte Dimension. Auf diese Phase im Alter gehe ich in dem Buch zwar nicht ein, aber keine Frau sollte sie vernachlässigen, denn die Voraussetzungen für später werden eben schon in der Phase des Kinderkriegens gelegt.

Zeichnen wir also als Grundlage einmal das Bild hinsichtlich Elterngeld und Elternzeit von heute auf: Gute zehn Jahre nach der Einführung des Bundeselternzeit- und Elterngeldgesetzes erhielten im Jahr 2022 in Deutschland knapp 1,4 Millionen Frauen und 482.000 Männer Elterngeld. Es liegen mir leider keine spezifischen Daten darüber vor, wie viele Personen davon in Führungspositionen sind.[12] Da der Anteil der Frauen in Führungspositionen bei knapp einem Drittel liegt, könnte man jedoch annehmen, dass ein vergleichbarer Anteil, also etwa 466.000 Frauen, in Führungspositionen Elterngeld bezogen. Allerdings ist das nur eine Schätzung. Meine Vermutung: Es sind deutlich weniger, weil nach der Geburt proportional betrachtet weniger Frauen in ihre Führungsrolle zurückkehren. Die Zahlen markieren einen leichten Rückgang der Elterngeldbezieher:innen von 1,2 Prozent gegenüber 2021. Der Anteil der Väter, die Elterngeld bezogen, stieg von 24 Prozent auf 26,1 Prozent.[13]

Elterngeld ist eine wichtige finanzielle Unterstützung für Eltern nach der Geburt eines Kindes. Für Mütter und / oder Väter bedeutet es, dass sie sich eine Auszeit von der Arbeit nehmen können, ohne dabei einen kompletten Einkommensverlust zu erleiden.

Aktuelle Statistiken zeigen: Väter nehmen in Deutschland kontinuierlich mehr Elternzeit. Von 2015[14] bis 2022 stieg der Anteil von Leistungsbezügen durch Väter von 20,9 auf 26,1 Prozent.[15] Zu wenig! Aber die Richtung stimmt. Das deutet einerseits – wenn auch in homöopathischen Schritten – auf ein sich wandelndes Familienbild und eine gleichmäßigere Aufteilung der Kinderbetreuung hin. Andererseits liegt die Dauer der Elternzeit bei Vätern mit durchschnittlich drei Monaten bei einem kleinen Bruchteil im Vergleich zu den Frauen.[16] Diese Tatsache wiederum stellt Frauen oftmals schon zu Beginn des Mutterseins vor eine große sachliche wie auch emotionale Herausforderung – auf der einen Seite die Familie, auf der scheinbar unendlich weit entfernten anderen Seite die Karriere. Außerdem berichten viele Frauen, die vor den Kindern bereits in Führungspositionen waren, dass sie nur wenige Monate Elternzeit nehmen, da sie schneller in den Beruf zurückkehren möchten oder müssen. Möchten, weil sie ihren Job so sehr lieben, dass er wie die Kinder dazugehört. Müssen, weil sie sonst aus ihrer Position oder dem Karrierepfad aussortiert werden.

Ein weiterer Indikator für die Notwendigkeit von klaren Regeln für die Vereinbarkeit von Karriere und Familie ist das zweite Führungspositionen-Gesetz (FüPoG II), das 2021 erlassen wurde. Es ermöglicht nun auch Geschäftsführer:innen und Vorständ:innen »die Möglichkeit des Mutterschutzes und der Elternzeit hinsichtlich der Organbestellung, ohne einen Einschnitt in ihrem Karriereweg zu riskieren«, erklärt Senior Counsel Sonja Riedemann.[17] Spannend wird es sein, zu sehen, wie häufig in diesen Positionen davon Gebrauch gemacht wird. Vorständinnen und Geschäftsführerinnen könnten hier ein Zeichen setzen und vor allem als Vorbild im Unternehmen voranschreiten, und sei es mit einem praktikablen, smarten Teilzeit-Arbeitsmodell.

Keine Kleinigkeit: der Gender-Pay-Gap

Über Gehälter spricht man in Deutschland nicht gerne. Ich frage mich schon lange: Warum eigentlich? Vielleicht deswegen: Bei genauerem Hinschauen sieht man schnell, dass die Unterschiede, insbesondere zwischen Männern und Frauen, nach wie vor frappierend sind. Die Auswirkungen auf ein ganzes Leben sind gewaltig, wie es Laura Gersch im Vorwort schon unter dem Stichwort »Motherhood Penalty« anreißt.

Im Jahr 2022 verdienten Frauen in Deutschland pro Stunde durchschnittlich 18 Prozent weniger als Männer. Der Bruttostundenverdienst lag bei Frauen im Durchschnitt bei 20,05 Euro und bei Männern bei 24,36 Euro.[18] Der unbereinigte Gender-Pay-Gap betrug 2006 noch 23 Prozent und ist somit langfristig gesunken.[19] Nach wie vor ist der unbereinigte Gender-Pay-Gap laut Statistischem Bundesamt in Ostdeutschland deutlich kleiner als in Westdeutschland: In Ostdeutschland lag er im Jahr 2022 bei 7 Prozent, in Westdeutschland bei 19 Prozent (2006: Ostdeutschland: 6 Prozent, Westdeutschland: 24 Prozent).[20] Frauen mit vergleichbaren Qualifikationen, Tätigkeiten und Erwerbsbiografien wie Männer verdienten also im Schnitt deutlich weniger pro Stunde als ihre männlichen Kollegen.

Auch hier geht der Trend in die richtige Richtung. Doch trotz kleiner Fortschritte in der Gleichstellung der Geschlechter ist die Lohnlücke zwischen Männern und Frauen weiterhin vorhanden. Das betrifft in gleichem Maße Managerinnen, die oft weniger verdienen als ihre männlichen Kollegen. Diese Ungleichheit kann langfristige Auswirkungen auf die Rentenansprüche und die finanzielle Unabhängigkeit von Frauen haben.

Aktuelle Studien belegen, dass die Lohnlücke in Führungspositionen noch höher – bis zu 30 Prozent – ausfällt. Eine Erklärung wird hier direkt mitgeliefert, beispielsweise vom Deutschen Institut für Wirtschaftsforschung e.v. Studienleiterin Elke Holst erklärt das Phänomen so: »Frauen, die den Sprung in die Chefetage schaffen, verdienen erheblich weniger als männliche Führungskräfte, und das hat zum großen Teil mit der unterschiedlichen Vollzeiterfahrung zu tun. Viele Frauen haben im Laufe ihres Erwerbslebens Teilzeit gearbeitet. Der daraus resultierenden Chancenungleichheit bei Karriere und Verdienst können Unternehmen entgegenwirken, indem sie gerade in der Rushhour des Lebens beiden Geschlechtern mehr zeitliche Flexibilität gewähren. Das erfordert einen richtigen Kulturwandel.«[21]

Eine Statistik explizit zu Müttern liegt mir nicht vor, doch die Teilzeitthematik resultiert in vielen Fällen aus der Rushhour des Lebens, die die Familiengründung enthält. Diese sorgt somit in Gänze für weniger Einkommen dieser Zielgruppe und verschärft die Lage für Frauen mit Kind oder Kindern.

Ehegattensplitting: Ein veraltetes Modell?

Ein weiteres relevantes Thema: das Ehegattensplitting. Es bietet Steuervorteile für verheiratete Paare mit unterschiedlichen Einkommen und wird häufig kritisiert. Die Hauptargumente sind, dass dieses Modell traditionelle Familienstrukturen bevorzuge und Frauen, insbesondere in höheren Positionen, finanziell benachteilige. Managerinnen, die das gleiche oder ein höheres Einkommen als ihre Partner haben, profitieren weniger von diesem Modell. Aktuelle politische Diskussionen erwägen daher Anpassungen oder Alternativen zum Ehegattensplitting, um eine gerechtere Steuerpolitik zu fördern. Ein Blick tiefer zeigt aus meiner Sicht, wo die Reise hingehen sollte.

Stellen wir eine Reform des Ehegattensplittings den Kürzungen des Elterngeldes gegenüber, würde die Reform deutlich mehr finanzielle

Vorteile bringen als die Elterngeldkürzungen. Man schätzt, dass durch eine Reform des Ehegattensplittings bis zu 20 Milliarden Euro an Zusatzeinnahmen generiert werden könnten.[22] Dagegen ließen sich durch Einsparungen beim Elterngeld lediglich 300 Millionen Euro generieren.[23]

Diese Zahlen verdeutlichen, dass die Reform des Ehegattensplittings aus finanzieller Sicht erheblich wirkungsvoller wäre als Kürzungen beim Elterngeld. Meine persönliche Meinung: Damit kämen wir der Moderne respektive Zukunft deutlich näher als durch Elterngeldkürzungen. Zumal Eltern, die unter die Elterngeldkürzung fallen, bereits sehr gut verdienen und die Zeit leichter überbrücken und trotzdem die oftmals hilfreiche Pause mit einem Neugeborenen nehmen können. Die Reform des Ehegattensplittings würde zudem deutlich stärker auf die Vereinbarkeit von Familie und Karriere einzahlen, ohne die Frauen, die sich für Vollzeitfamilie entscheiden, zu benachteiligen. Selbstverständlich sollen Alleinverdienerpaare keine gravierenden Nachteile durch eine solche Reform erfahren, doch genau diese Balance für alle Beteiligten sollte aus meiner Sicht ein nahes Ziel der Politik sein, sodass in der Konsequenz die Erwerbsbeteiligung von Frauen gesteigert und zusätzliches Steueraufkommen erzielt wird.

Zusammenfassend zeigt dieser kurze Ausflug in unser deutsches System für Eltern: Für eine Managerin, die Familie und Karriere vereinbaren möchte, stellen Elterngeld, Equal Pay und das Ehegattensplitting sowohl Unterstützung als auch Herausforderungen dar. Während Elterngeld eine sinnvolle finanzielle Hilfe ist, bleibt die Lohngleichheit eine bestehende Herausforderung. Das Ehegattensplitting hingegen kann als ein veraltetes Steuermodell betrachtet werden, das modernen Familienstrukturen und Karriereambitionen nicht immer gerecht wird. Die politischen und gesellschaftlichen Rahmenbedingungen müssen daher konsequent und kontinuierlich weiterentwickelt werden, um ein Gleichgewicht zwischen Beruf und Familie herzustellen. Auch oder gerade ich als eher wenig politischer Mensch plädiere daher dafür: Wir müssen unsere Stimme für die Anforderungen als Mütter hörbar machen und mitverantwortlich unsere Erfahrungen auf den Tisch legen. Und natürlich spielen Vorbilder eine wichtige Rolle, um die Möglichkeiten in alle Richtungen sichtbar und belegbar zu machen.

Investitionen, die sich auszahlen

Vor allem, als meine Söhne Kleinkinder waren, wir als Eltern beide gearbeitet haben – Vater Vollzeit, Mutter Teilzeit zwischen 25 und 30 Stunden –, habe ich oft gehört: »Andrea, lohnt sich das denn überhaupt, wenn du 30 Stunden pro Woche eine Kinderfrau bezahlst, um arbeiten gehen zu können?« Meine Antwort war immer eindeutig: »Klar lohnt sich das.« Natürlich meinten die Fragenden, ob von meinem Gehalt am Monatsende noch etwas übrig bleibe. So gesehen lohnte es sich nicht, denn da blieb nicht viel übrig. Die Kinderbetreuung war exklusiv und nicht ganz günstig. Hinweis: Wir haben alle Kosten wie Nanny, Hausfinanzierung, Versicherungen und Lebenshaltung 50/50 aufgeteilt, die Kinderbetreuung lag dabei zufällig auf meiner Seite. Aber: Diese Investition war jede Minute wert – für meine Kinder, weil ich das Glück hatte, die beste Kinderfrau gefunden zu haben, die man sich wünschen kann. Für mich, weil ich meiner Leidenschaft im Job und somit auch meiner Karriere weiter folgen konnte und mich das ebenso glücklich gemacht hat. Und: Für die Zukunft, weil ich für mögliche Lücken im Alter nach bestem Wissen und Gewissen kontinuierlich vorgesorgt habe. Das war also der Beginn meiner Doppelrolle und der Beginn von vielen, vielen Learnings, von denen mich jedes für sich weitergebracht und wachsen lassen hat.

Neben dem Verdienst sind die Debatten rund um Elterngeld und Co. eindeutige Zeichen, dass wir unsere traditionellen Muster mit der Brille von heute betrachten und, wo nötig, aufbrechen sollten. Gerne hört man gerade von älteren Generationen:»So wie es eben klassisch ist.« Klassisch einmal war, denn die Welt dreht sich weiter und entwickelt sich weiter, daher liegt der Begriff »klassisch« immer im Auge des Betrachters. Es gibt keinen Grund, an Dingen festzuhalten, die nicht mehr zeitgemäß sind, denn wir kennen moderne und passendere Modelle, die uns neue Chancen ermöglichen. Das Band zwischen Partner:innen wird dadurch nicht schwächer, sondern mit der Zeit mindestens genauso stark, wie wir es noch aus unserer Elterngeneration kennen – davon bin ich fest überzeugt. Unternehmen werden damit zu attraktiveren Arbeitgebern. Unsere Kinder werden eine Welt vorfinden, in der diese Diskussionen nicht mehr geführt werden müssen, sondern das Selbstverständnis von Familie und Karriere im Einklang das neue »Klassisch« sein wird.

Vor diesem Hintergrund habe ich hier meine Top-15-Aspekte in drei Briefen zusammengefasst. Darin geht es um Forderungen, wie wir traditionelle Muster in Bezug auf Elterngeld und verwandte Themen modernisieren können:

Liebe Politiker:innen,

um als berufstätige Eltern im internationalen Vergleich mitzuhalten, braucht es unbedingt weitere Schritte in folgenden Aspekten:

1. **Flexibilität in Sachen Elterngeld und Elternzeit:** Anpassung des Elterngeldes an unterschiedliche Arbeitsmodelle, wie zum Beispiel Teilzeitarbeit oder Jobsharing, um Eltern mehr Flexibilität in der Berufstätigkeit während der Elternzeit zu ermöglichen. Außerdem Einführung eines Modells, bei dem Elternzeit-Kontingente über mehrere Jahre hinweg noch flexibler genutzt werden hinsichtlich Teilzeit, Laufzeit und Wechsel zwischen Vater und Mutter.

2. **Elterngeld Plus für Führungskräfte:** Spezielle Elterngeld-programme für Führungskräfte, die eine schnellere Rückkehr in den Beruf ermöglichen, aber gleichzeitig die Betreuung des Kindes unterstützen.

3. **Gleichstellungsfonds und -initiativen:** Schaffung von Fonds, die Unternehmen finanziell unterstützen, welche aktiv die Gleichstellung von Frauen in Führungspositionen fördern und familienfreundliche Maßnahmen umsetzen. Dazu aktive Förderung von Gleichstellung am Arbeitsplatz, inklusive gleicher Bezahlung und Chancen für Aufstiege.

4. **Steuerliche Anreize für gleichberechtigte Elternzeit:** Förderung der gleichberechtigten Aufteilung der Elternzeit zwischen Müttern und Vätern durch steuerliche Vorteile.

Herzlichst, Andrea Hartmair

Liebe Unternehmer:innen,
um auch für Eltern attraktiver Arbeitgeber zu bleiben, sind Punkte
wie diese Pflichtprogramm:

1. **Flexible Kinderbetreuungsmöglichkeiten:** Kontinuierlicher
   Ausbau von flexiblen, unternehmensnahen Kinder-
   betreuungsangeboten, um berufstätigen Eltern die Vereinbarkeit von Familie und Beruf zu erleichtern.

2. **Flexible Arbeitsmodelle:** Einführung von flexiblen Arbeitszeiten, Homeoffice-Optionen und Jobsharing-Modellen, um
   den Bedürfnissen berufstätiger Eltern entgegenzukommen.

3. **Elternfreundliche Unternehmenskultur:** Schaffung einer
   Kultur, die Elternschaft positiv sieht und unterstützt, inklusive
   der Akzeptanz und Unterstützung von Vätern, die Elternzeit
   nehmen.

4. **»Tandem-Leadership«-Programm:** Das Teilen einer Position
   durch zwei Führungskräfte, wodurch es Müttern erleichtert
   wird, in ihre Führungsrolle zurückzukehren, während sie
   gleichzeitig familiäre Verpflichtungen wahrnehmen. Dieses
   System fördert nicht nur eine ausgeglichene Work-Life-
   Balance, sondern ermöglicht auch die geballte Kompetenz
   der Fähigkeiten und Erfahrungen beider Führungskräfte.

5. **Mentoring und Coaching:** Etablierung von Mentoring-
   Programmen für Frauen in Führungspositionen, um
   Karriereentwicklung und -planung während und nach der
   Elternzeit zu unterstützen.

6. **Work-Life-Balance:** Das Starkmachen einer Kultur, die eine
   ausgewogene Lebensweise unterstützt. Davon profitieren
   alle Mitarbeitenden. Dies schließt angemessene Pausen
   und Urlaube ein, aber entlässt keine Führungskraft aus ihrer
   Verantwortung.

Herzlichst, Andrea Hartmair

Liebe Arbeitnehmer:innen,
auch ihr selbst seid Teil des Erfolges von Vereinbarkeit. Daher denkt an

1. **Weiterbildung in der Elternzeit:** Das Ergreifen sowie die Bereitstellung von Fort- und Weiterbildungsmöglichkeiten während der Elternzeit, um (sich) den Wiedereinstieg zu erleichtern.

2. **Flexibilität von beiden Seiten:** Aktives Nachfragen nach flexiblen Arbeitsmodellen, wie Homeoffice, flexible Arbeitszeiten oder Teilzeitarbeit sowie das Nutzen dieser Möglichkeiten, unabhängig vom Geschlecht.

3. **Transparente Kommunikation:** Offenes Sprechen über die eigenen Bedürfnisse und Herausforderungen kann dazu beitragen, das Bewusstsein für die Vielfalt der Lebenssituationen zu schärfen und Unterstützung zu mobilisieren – auch für Kolleg:innen mit ähnlichen Herausforderungen.

4. **Initiativen zur Gleichstellung:** Ob durch eigene Teilnahme an bestehenden Initiativen zur Gleichstellung oder durch das Starten neuer Programme – aktive Beteiligung der Arbeitnehmerinnen kann die Unternehmenskultur in Richtung Vereinbarkeit vorantreiben.

5. **Feedback geben und nehmen:** Konstruktives Feedback geben und offen Rückmeldungen annehmen, um unbewusste Vorurteile und stereotype Verhaltensweisen zu identifizieren und zu ändern.

Herzlichst, Andrea Hartmair

All das zeigt, dass sich der Weg lohnt, wenn ich ihn als Frau gehen möchte. Das sind Investitionen, die sich auszahlen aufseiten der Eltern, der Unternehmen und der Gesamtwirtschaft.

Die Rolle der Väter und Männer

Bei all dem spielen die Männer eine wichtige Rolle! Eindeutig! Sowohl die Väter als auch die männlichen Managerkollegen. Sie müssen die Vorteile von Frauen in Führung kennen und schätzen. Nur dann werden sie unterstützen, dass Frauen, respektive Mütter, in Führungsrollen gehen oder bleiben, und somit ihren Teil dazu beitragen, die Doppelrolle zur Normalität werden zu lassen. Sag uns doch mal ein moderner Mann, was hier faktisch – wir blenden ein potenzielles männliches Ego mal bewusst aus – dagegenspricht?

»Eine starke Frau muss man sich nervlich erst mal leisten können«, hat neulich ein Freund zu mir gesagt. Das meinte er charmant, doch im Kern sagt das natürlich viel aus und gibt uns Antworten auf die Frage, wo wir wirklich stehen. Tief in uns stecken Muster, die sich nicht bei jedem gleich leicht abstellen lassen. Doch diese Aussage ist nicht modern und schon gar nicht zukunftsfähig. Das ist die traurige Wahrheit und zugleich für mich maximaler Ansporn, für uns und unsere Kinder die Waage weiter ins Gleichgewicht zu bewegen.

In diesem Buch geht es nicht vordergründig um die Sicht der Männer. Doch es gibt schon heute großartige Vorbilder, wie beispielsweise Jörg Stephan, Volker Baisch oder Roman Gaida, von denen man rund um die Working Dads und Vereinbarkeitsmodelle die richtigen Ansätze hört. Und natürlich gibt es viele mehr, die man so nicht kennt. Aber: noch zu wenige! Und: Jeder moderne Mann kann hier etwas mitbewegen. Gebt das Buch also gerne auch mal an eure Partner, Freunde und Chefs weiter. Auf dem Weg zu einer salonfähigen und selbstverständlichen Doppelrolle als Managerin und Mama haben wir noch einige Hausaufgaben zu erledigen. Erst wenn wir nicht mehr darüber sprechen müssen, haben wir es geschafft. Also lasst uns keine Zeit verlieren, denn das Ziel ist schon heute ein Win-win für Unternehmen sowie motivierte Mütter und Väter.

3. Gefangen zwischen Kinderwunsch und Karrieretraum

Schon vor der Familiengründung müssen Frauen nicht selten komplexe, oft schmerzhafte Entscheidungen hinsichtlich Kinderwunsch und Karriere treffen. Hier betrachte ich, wie tief gesellschaftliche, wirtschaftliche und persönliche Faktoren diese Entscheidungen beeinflussen. In diesem Kapitel wird unter anderem durch eine Kombination aus Interviews und Statements deutlich, wie Frauen und Männer ihre Karrierewege gestalten, welche Kompromisse sie eingehen und welche Unterstützung sie dabei von Partner:innen, Arbeitgebern und der Gesellschaft erhalten – oder auch nicht. Dabei geht es um die psychologischen Auswirkungen dieser Entscheidungen sowie die breiteren sozialen Trends, die zeigen, dass viele Frauen sich immer noch gezwungen sehen, zwischen Karriere und Familie zu wählen. Es ist ein tiefer Einblick in die Seelenlandschaft moderner Frauen, die sich in einer Welt behaupten wollen, die oft widersprüchliche Erwartungen an sie stellt.

Mein Weg zur schönsten Doppelrolle der Welt

Vielleicht erkennst du dich oder Teile von dir in den folgenden Zeilen wieder, in denen ich mich einmal als Andrea versuche zu beschreiben. Man kennt mich seit jungen Jahren sowohl privat als auch in der Arbeitswelt als »Andrea on fire«. Ich liebe und brauche die Herausforderung.

Sportlich war ich schon immer. Neben Mountainbiken, Skifahren oder Rennradfahren hat über viele Jahre ein Halbmarathon den anderen gejagt. Dazu habe ich immer wieder Neues ausprobiert, vom Paragliden bis zum Triathlon. Heute ist mir der Wettkampf nicht mehr wichtig, aber der regelmäßige Sport ist weiterhin Pflichtprogramm, denn ohne ihn könnte ich weder die berufliche Leistung noch die elterlichen Herausforderungen in ausreichendem Maße bewältigen.

Beruflich bin ich seit jeher in hohem Grad intrinsisch motiviert und gehe ungefragt die Extrameile. Ich liebe das Arbeiten an internationalen Projekten und mit Kund:innen unterschiedlichster Herkunft. Als Projektmanagerin habe ich kurz nach dem Studium erste verantwortungsvolle Projekte übernommen – Führungsluft geschnuppert – und früh war mir bewusst: Da will ich hin. Warum? Weil ich mit einem Team die Richtung vorgeben und etwas bewegen, mein Wissen teilen und Verantwortung übernehmen wollte. Den Weg habe ich konsequent verfolgt und intrinsische Motivation trägt mich bis heute. Mit 30 Jahren habe ich die erste Führungsposition als Marketingleiterin übernommen, bis ich sieben Jahre als Head of Marketing und Mitglied im Management Board bei einem Familienunternehmen, zuletzt als Chief Communications Officer, angestellt war. Wenige verstanden damals, warum ich aus dieser sicheren Position heraus in die Selbstständigkeit wechselte. Ich hatte ein gutes Gehalt, ein verlässliches Team und alles war gut eingespielt. Doch für mich war klar: Ich möchte noch mehr erleben, mich fordern, Neues ausprobieren und mein Wissen über ein Unternehmen hinaus möglichst vielen Betrieben zur Verfügung stellen.

»Und wo bleibt die Familie?«, fragst du dich vielleicht an dieser Stelle. Die darf den aufregenden und erfüllenden Weg, den ich als Selbstständige und heutige Unternehmerin gehe, begleiten. Nüchtern betrachtet hat sich für meine Familie nichts geändert. Ich bin zur gleichen Zeit zu Hause, wir haben freie Tage und Urlaube, genießen unsere Hobbys und treffen Freunde und Familie. Der einzige Unterschied: Ich liebe noch mehr, was ich beruflich tue.

Mit Freunden verbringe ich wahnsinnig gerne Zeit – egal ob bei einem gemütlichen Genussabend oder aktiv auf Bergen oder in spannenden Städten. Und wahrscheinlich wenig überraschend lebe ich auch mit meinen Kindern ein aktives Leben. Dabei sind wir genauso gerne zu Hause kreativ wie unterwegs, die Mischung macht es am Ende. Wir sind immer interessiert, Neues kennenzulernen, uns viel zu bewegen oder den Augenblick bewusst zu genießen. Es ist für mich ein Segen, zu erleben, dass beide das im Grundschulalter nun schon bewusst mitgehen, bisweilen sogar einfordern.

Meine Kinder habe ich im Alter von 36 Jahren bekommen. Etwas über dem heutigen Durchschnittsalter von Müttern, das 2022 in Deutschland bei 31,7 Jahren lag.[24] Diesbezüglich bin ich im Gespräch mit meiner Mutter auf einen gravierenden Unterschied zu beispielsweise ihrem Werdegang gestoßen: Ich erlebte, bevor ich Kinder hatte, bereits jahrelang persönliche Freiheit und die Erfüllung durch meinen Job. Meine Mutter hat mich mit 23 Jahren geboren, da ging ihr Berufsleben gerade erst los. Wäre ich nach der Geburt meiner Söhne nicht recht schnell in meinen Job zurückgekehrt und hätte mir nicht weiterhin Zeit für mich genommen, hätte ich einen für mich wichtigen Teil vermisst. Offen gestanden, war das in der Babyphase auch nicht immer ohne Weiteres möglich. Meiner Mutter dagegen fehlte damals nichts. Sie war von Herzen Vollzeitmutter und hat erst viel später begonnen, die Zeit im Beruf und für sich selbst – mal ohne Kinder oder in besonderen Urlauben allein mit meinem Vater – zu genießen. Was ich damit sagen will: Es kommt individuell stark darauf an, wann man sich für welches Lebensmodell entscheidet und was man in seinem Museum des Lebens einmal von sich sehen möchte. Für mich war jedenfalls mit der Geburt meiner beiden Kinder klar: Ich möchte nicht nur Mutter sein, ich möchte weiter meinen beruflichen Leidenschaften folgen. Mit der Konsequenz, dass ein tragfähiges Doppelmodell hermusste. Und wo ein Wille, da ein Weg.

Warum denn entweder Mama oder Managerin?

Spreche ich mit Freundinnen, Kolleginnen oder Mitarbeiterinnen, zeigt sich, dass sich viele schon zu Beginn ihrer Karriere im Konflikt sehen zwischen Kinderwunsch und Karrieretraum. Die Gesellschaft souffliert uns noch immer in starkem Maße ein Entweder-oder und zu viele Beispiele aus der Realität scheinen uns zu bestätigen, dass Vereinbarkeit unmöglich ist und dass wir uns irgendwann entscheiden müssen zwischen Muttersein und Karrieremachen.

Ich bin der Meinung: Vereinbarkeit muss salonfähig werden und darf keine Ausnahme bleiben. Auch gesellschaftlich und im Zuge der Gleichberechtigung der Geschlechter ist dies ein wichtiger Aspekt. Die Entwicklung, die wir in der Hinsicht sehen, muss noch deutlich schneller voranschreiten. Andere Länder sind uns um Lichtjahre voraus. Karriere und Familie gehören zusammen für jede:n, der oder die das Modell gehen möchte. Dabei ist das eigene Bauchgefühl ein sehr guter Berater. Sprich, wenn du die Doppelrolle wirklich willst, finde deinen Weg und gehe ihn selbstbewusst und konsequent! Wenn du dich dagegen für mehr Zeit für dich oder gar 100 Prozent Zeit mit der Familie entscheidest, ist das genauso in Ordnung. In dem Fall sollten wir uns dann nur nicht beschweren, dass beides nicht möglich sei. Denn diese Einstellung lässt uns gesellschaftlich stagnieren und verunsichert andere Mütter garantiert, wenn sie vor denselben Überlegungen stehen.

Von einem schlechten Gewissen – vielfach von außen suggeriert durch Aussagen wie »die armen Kinder«, »dein Ego-Trip« oder »muss das wirklich sein« – müssen wir uns zudem befreien, um:

- der gleichberechtigten Vereinbarkeit eine echte Chance zu geben,
- objektiv Entscheidungen zu treffen und
- auf unserem Karriereweg die volle Leistung abrufen zu können.

Aus meiner Sicht muss sich keine Frau zwischen Mama-Sein und Managerin-Sein entscheiden. Wenn ich will, mache ich es einfach. Wenn ich nicht will, ist das eine zu akzeptierende individuelle Entscheidung und ebenso gut.

Neben dieser klaren Linie gibt es im Leben leider auch unplanbare, außergewöhnliche Rahmenbedingungen. Sie zwingen uns mitunter zu Entscheidungen, was nicht vergessen werden darf. Das können beispielsweise sein:

- ein Kind oder ein:e Angehörige:r mit chronischen oder akuten gesundheitlichen Beeinträchtigungen und entsprechendem Pflegebedarf
- kulturelle Normen, die sich hoffentlich zugunsten der Vereinbarkeit ebenfalls einfacher integrieren lassen werden
- Berufe, die eine Vereinbarkeit von Karriere und Familie besonders herausfordernd machen. Dazu zählen Jobs mit unregelmäßigen und somit für Familien anspruchsvollen Arbeitszeiten, wie es des Öfteren in der Gastronomie oder in Produktionsbetrieben der Fall ist.

  Dabei zähle ich bei solchen Herausforderungen stark auf die Arbeitgeber. Auch hier müssen moderne Lösungen und Arbeitsmodelle her, um die eigene Zukunftsfähigkeit zu sichern, aber auch als konkrete Gegenmaßnahme für den steigenden Fachkräftemangel.

Selbstreflexion und Achtsamkeit als Karrierebooster

Doch was, wenn sich Zweifel hartnäckig breitmachen? Was, wenn die Doppel- oder Mehrfachbelastung so hoch ist, dass ich lieber heute als morgen den leichteren Weg einschlagen möchte? Erst einmal hilft es, zu wissen, dass diese Momente bei den meisten Müttern irgendwann auftauchen, das ist ganz normal.

Dann bringt es viel, mir meine verschiedenen Optionen bewusst zu machen – vielleicht sogar neue Wege oder Lösungen zu finden. Beispiel: Als ich in der Rolle als Marketingleitung in Elternzeit gegangen bin, war mein Wunsch, zeitnah in die Position zurückzukehren. Hätte das aus irgendwelchen Gründen nicht geklappt, hätte ich verschiedene Optionen, vom Bücherschreiben bis zu einem Kindheitstraum, dem Arbeiten als Floristin, in Erwägung gezogen. Und ich habe mich schon öfter gefragt, als ich gegrübelt oder gezweifelt habe, was denn schlimmstenfalls passieren könnte, wenn ich merke, dass es mit der Aufteilung von Beruf und Familie doch nicht klappt. Konkreten Situationen kann man besser begegnen als vagen Ängsten. Schon kommt der frische Rückenwind und neue Türen öffnen sich durch den Perspektivwechsel und die Reflexion in Ruhe. Oft sind das alles nur Gedanken, aber sie entschärfen den Moment deutlich oder nehmen die Enttäuschung nicht erfüllter Erwartungen. Und manchmal sind solche Gedanken tatsächlich der Schlüssel zu einem neuen Tor, das ich zuvor gar nicht wahrgenommen habe.

Außerdem habe ich im Kreise Gleichgesinnter über das Thema gesprochen. Gar nicht immer so einfach, die Menschen zu finden, die dich in deinen Träumen und Zielen bestätigen. Doch selbst das kontroverse Diskutieren mit Kritiker:innen oder Zweifler:innen kann dich in deiner Meinung bestärken und bestätigen oder bei einer Entscheidung weiterhelfen. Bevor ich Kinder hatte, habe ich nicht im Ansatz so regelmäßig für mich reflektiert, was mir wichtig ist – vielleicht, weil ich mit meinen gewohnten Routinen so beschäftigt und scheinbar erfüllt war. Während der Babyphase hatte ich dafür viel Zeit beim Spazierengehen und Kinderwagen-durch-die-Natur-Schieben – mein längster Spaziergang ging immerhin sechs Stunden lang. Diese Zeit hat mir gutgetan, um die Gedanken fließen zu lassen und um ausführlich über wichtige Themen nachzudenken und diese von verschiedenen Seiten zu beleuchten. Bis heute nutze ich dafür immer noch gerne die Zeit im Freien, ganz besonders beim Joggen oder Wandern in den Bergen, wo mir der Fernblick zusätzlich guttut. Kleine Themen bis zu großen Herausforderungen im engsten Umfeld oder auf der Arbeit kann ich hier besonders gut überdenken und Lösungen für mich sortieren. Von Freundinnen weiß ich, dass es ihnen ähnlich geht beim Yoga, bei der Gartenarbeit oder beim Blick auf das Meer. Wichtig ist, sich die Zeit zu nehmen und Tätigkeiten zu finden, bei denen man intensiv reflektieren möchte und die einen vielleicht sogar bei der Lösungsfindung behilflich sind. Hauptsache: ein Ort zur Selbstreflexion.

Schöpfe aus einem achtsamen Umgang mit dir selbst!

Eine weitere Komponente, die mit und ohne Kinder Entscheidungen oder herausfordernde Situationen erleichtert, ist Achtsamkeit mit dir selbst. Mit Achtsamkeit meine ich die bewusste Wahrnehmung des Zustands meines Körpers und meiner Seele sowie den fürsorglichen Umgang mit mir und im zweiten Schritt selbstverständlich auch mit meiner Familie. Wenn du mit dir selbst im Einklang bist, kannst du wesentlich leichter abwägen, entscheiden und priorisieren. Du vermeidest damit, ungewollt in eine private oder berufliche Tretmühle zu geraten, und trittst stattdessen gestärkt, leistungsfähig und motiviert in deine Doppelrolle als Mutter und Führungskraft oder deine individuellen Karriereschritte ein. Und nicht nur das: Ein achtsames Leben fördert dein allgemeines Wohlbefinden und wirkt sich somit positiv auf deine Lebensqualität aus.

Im Laufe des Buches findest du an mehreren Stellen weitere Impulse rund um ein achtsames Herangehen. Zu meinen favorisierten Aspekten zählen dabei folgende:

- **Achtsames Atmen.** Hierzu erfährst du im Interview mit Dr. Sibylle Krane später mehr.
- **Achtsame Alltagsübungen.** Dazu gehören bewusstes Duschen, Spazierengehen oder Kochen. Das funktioniert bei mir besonders gut, wenn ich mir ausreichend Zeit dafür nehme, digitale Devices weglege und gerne auch die richtige Musik dazu höre.
- **Ruhe zulassen.** Für mich die schwierigste Übung, denn man ist den Trubel und die Vielzahl an Aufgaben so gewohnt, dass Ruhe sich manchmal nahezu wie ein »Aushalten« anfühlt. Doch der Körper schöpft in der Ruhe ganz viel neue Kraft.
- **Unser Körper als Achtsamkeitsobjekt.** Spüre den Ist-Zustand im Sinne von Anspannung, Wohlsein, Unwohlsein, Wärme, Kälte oder etwas anderem, ohne ihn zu bewerten.
- **Dankbarkeit als Achtsamkeitsübung.** Dabei geht es darum, jeden Abend für etwas dankbar zu sein, das der Tag mit sich gebracht hat.

Durch Achtsamkeitsübungen wie diese in Kombination mit deiner persönlichen Klarheit über deine Ziele bist du in entscheidenden Momenten – sei es bei einer Verhandlung, einem Mitarbeitergespräch, gegenüber deiner:m Vorgesetzten oder bei einem Vorstellungsgespräch – sicher überlegen. Du bist klar, sortiert und trittst souverän auf, weil du weißt, was du willst und wo du stehst.

Nimm dir Zeit für Selbstreflexion, lebe achtsam und du wirst staunen, wie sich deine Karriere in deinem Sinne weiterentwickelt. Ein Booster, der aus der inneren Balance und deinem Selbstbewusstsein heraus seine Wirkung entfaltet.

Stimmen von Müttern und Vätern in Führung

In den letzten Jahren habe ich mit vielen Müttern und Vätern in Führung über die Chancen und Herausforderungen von ManagerMamas gesprochen. Die Antworten sind divers und dennoch gibt es vor allem zwei Richtungen: die einen, die die Doppelrolle befürworten, die anderen, die skeptisch sind. Ein »Vielleicht« oder »Weiß nicht« höre ich eher selten. Damit wir in Zukunft an den Punkt kommen, an dem Bücher wie dieses ein Schmuckstück der Vergangenheit sind und unsere Kinder oder Kindeskinder sich zu Vereinbarkeit von Familie und Karriere keine Gedanken mehr machen müssen, brauchen wir vor allem die Befürworter:innen als Vorbilder und Wegbereiter:innen. Glücklicherweise gibt es davon schon einige Mütter und Väter, die aufgrund ihrer persönlichen Erfahrungen eine ganz klare Meinung zum Thema haben.

So sagt beispielsweise *Dr. Sigrid Nikutta*, Vorständin Güterverkehr DB AG und Vorstandsvorsitzende der DB Cargo AG, Mutter von fünf Kindern zwischen Grundschulalter und Volljährigkeit:

> *»Eltern bringen in besonders starkem Ausmaß mit, was jede Führungskraft braucht: Führungsstärke, Organisationsvermögen, Empathie, Stressresistenz, Visionen, Leidenschaft und Selbstdisziplin.«*

Diese Aussage stellt aus meiner Sicht außer Frage, dass Mütter oder Väter für Führungsrollen geeignet sind. Eltern bringen sogar zusätzliche Fähigkeiten mit, die sie sich als Mutter oder Vater angeeignet haben, zum Beispiel vermehrte Geduld oder auch Durchsetzungskraft, die ihnen vorher vielleicht gefehlt haben und sich in den von Sigrid Nikutta genannten Kompetenzen widerspiegeln.

Aus der Sicht eines Mannes aus der Generation Z erfahren wir, warum die Doppelrolle als Vater in Führung besonders gut funktioniert:

»Meine Arbeit macht mich zu einem besseren Papa und meine Kinder machen mich zu einem besseren Unternehmer. Als Papa habe ich gelernt, mich und andere zu organisieren. Ich weiß, was es heißt, Verantwortung zu übernehmen und als Team zu arbeiten. Gleichzeitig bin ich überzeugt, dass ich als junger Papa viel von meiner Erfahrung als Unternehmer profitieren konnte, die ich als ›normaler‹ 23-Jähriger so nicht gehabt hätte«, berichtet Jo Dietrich, Co-Founder von ZEAM und zweifacher Vater von Kindern im Alter von drei Jahren und einem Jahr.*

Roman Gaida, Vater von sechsjährigen Zwillingen, CSO im Mittelstand und selbst Autor des Buches »Working Dad«, spricht über ein Thema, von dem man annehmen würde, dass es eher Mütter als Väter betrifft: die Angst vor dem Scheitern in der Doppelrolle:

»Das Scheitern einer Doppelrolle als Führungskraft und karriereambitionierter Mensch sowie in der Familie engagierte Person kann durch unzureichende Unternehmensunterstützung, mangelnde Flexibilität in Arbeitsstrukturen und fehlende Akzeptanz von Familienverpflichtungen in der Unternehmenskultur entstehen. Ein weiterer, nicht zu unterschätzender Grund, den ich auch in meinem Buch ›Working Dad‹ beschreibe, ist das eigene Ego und Streben nach übertriebener Perfektion. Der eigene Ehrgeiz führt am Ende nur zu einem Gefühl des ständigen Scheiterns in beiden Welten. Grundlegend darüber nachzudenken, wie viel Karriere zu mir passt und was mir diese wert ist, ist die Grundlage dafür, seine Karriereambitionen mit der Familie im Einklang zu bringen.«

Damit nimmt Roman Gaida gleich mehrere wichtige Player in die Verantwortung: die Unternehmen, die bestimmte Arbeitsmodelle anbieten, die Eltern selbst sowie unsere Gesellschaft, die gewisse Normen vermittelt. Als Grund für das Scheitern einer Mutter oder eines Vaters in der Doppelrolle sieht er das Streben nach übertriebenem Perfektionismus. Letzteres unterstreicht *Dr. Sigrid Nikutta* ebenfalls, indem sie sagt:

»*Gesellschaftlich sind die größten Hürden für Mütter in Führung: die überhöhten Ansprüche von Eltern, ein veraltetes Elternbild und gesellschaftlicher Druck. Gewisse damit verbundene Stereotype lassen sich nur durch konkretes Handeln auflösen. Bilder und Vorbilder sind der Schlüssel. Dann gewinnt auch dieses Thema die richtige Selbstverständlichkeit.*«

Um zu zeigen, dass es diese Vorbilder nicht nur gibt, sondern diese in unterschiedlichsten Branchen, Unternehmensgrößen und Altersklassen existieren, und dass Vereinbarkeit tatsächlich funktionieren kann und keine Utopie oder völlig überzogene Idealvorstellung ist, habe ich noch weitere Stimmen gesammelt. Alle Interviewpartner:innen haben gemeinsam, dass sie beruflich Verantwortung tragen und zugleich Mutter oder Vater sind. Vor allem zeigen ihre Aussagen, welche Chancen die Kombination Mama / Papa und Führungskraft mit sich bringt und welche Herausforderungen wir noch vor der Brust haben. Man merkt ihnen an, dass sie die Doppelrolle aus Überzeugung einnehmen. Dabei behauptet keine:r, dass Vereinbarkeit einfach oder selbstverständlich ist.

Die Wege dorthin sind nicht immer ebenerdig, doch die Erfüllung und das Glück – beruflich und privat – treiben uns an, Hürden und Hindernisse zu meistern. Letztlich werden uns unsere Kinder später einmal berichten, wie sich das Modell für sie als Kind und Teenager angefühlt hat. Doch erstens kenne ich mittlerweile viele Eltern, Mütter und Väter, die berichten, dass sie trotz (oder wegen?) ihrer Doppelrolle für ihre erwachsenen Kinder ein großes Vorbild sind. Mehr sogar als solche, die meinen, negative Folgen für ihren Nachwuchs zu erkennen. Und zweitens bin ich überzeugt, dass Kinder arbeitende Mütter oder Väter als normal und selbstverständlich wahrnehmen, wenn ihnen das im Elternhaus und vielleicht auch in denen von Freunden und Bekannten vorgelebt wird.

Anna Matzat, Ingenieurin (M. Sc.) und MINT-Ambassador, ist Mutter von drei Kindern im Alter von sieben, zehn und zwölf Jahren. Sie arbeitet als Woman in Tech in einem immer noch männerdominierten Umfeld. Ihr liegt es besonders am Herzen, Kinder und Jugendliche schon früh an die STEM-Berufsfelder heranzuführen und Mädchen wie Jungen Lust auf eine Zukunft in der Welt der Technik zu machen. Dass auch Frauen hier Karriere machen können, zeigt sie selbst eindrücklich. Sie sagt:

»Mamas in Führungspositionen sind die ›Hidden Champions‹ der Wirtschaft, denn sie bringen ein ganz besonderes Skillset mit, das durch keine Schulung erworben werden kann. Tagtäglich absolvieren sie zu Hause ein komplexes und unvorhersehbares Führungstraining, das kontinuierlich um neue Komponenten erweitert wird. Sie lernen über Jahre, spontan und flexibel zu agieren, weitreichende Entscheidungen für das Leben junger Menschen basierend auf der aktuellen Daten- und Faktenlage zu treffen, ohne zu wissen, ob es die richtigen sind. Dieses Skillset ist gerade in der heutigen volatilen, risikoreichen und schnelllebigen Geschäftswelt von enormer Bedeutung, denn es befähigt Unternehmen und Teams nachhaltig, sicher und innovativ voranzuschreiten. Erfolgreiche Frauen in dieser Doppelrolle können auf ein stabiles, stützendes Umfeld aus Familie, Freunden und Kollegen zurückgreifen, das es ihnen erlaubt, beruflich und privat erfolgreich zu sein.«

Diese Beobachtung spiegelt die Kernthesen meines Buches wider. Mütter in Führungsrollen entwickeln durch ihre täglichen Herausforderungen zu Hause Fähigkeiten, die auch im beruflichen Umfeld extrem wertvoll sind. Beispielsweise komplexe Situationen mit Geduld und Weitsicht zu managen, ist ein direktes Ergebnis ihrer Doppelrolle als Mutter und Führungskraft. Außerdem ist es entscheidend, dass wir die Doppelbelastung, die diese Frauen tragen, nicht nur anerkennen, sondern als einen echten Asset betrachten, der zur Resilienz und Innovationskraft von Unternehmen beiträgt. Die tagtägliche Erfahrung von ManagerMamas im Multitasking und in der spontanen Problemlösung ist unersetzlich. Essenzielle Voraussetzung ist dafür ein tragfähiges Unterstützungswerk in der Gesellschaft. Dazu brauchen wir mehr politische und betriebliche Initiativen, die flexible Arbeitszeiten, Kinderbetreuungsmöglichkeiten und eine Unternehmenskultur fördern, die Vielfalt und Elternschaft als Stärke begreift. Nur so können wir das Potenzial dieser außergewöhnlichen Führungskräfte wirklich nutzen.

Ebenfalls aus dem Tech-Bereich und bei einem deutschen Konzern in verantwortungsvoller Position ist *Dr. Kathrin Harteis*. Sie arbeitet bei der BMW Group als Senior Expert IT-Strategie und ist ebenfalls Mutter von drei Kindern im Alter von sechs, acht und zehn Jahren. Dr. Kathrin Harteis spricht ebenso die Kompetenzen von Müttern an und nennt sie konkret beim Namen:

»Mütter bringen eine ganze Bandbreite an Future-Skills mit, die wir in der modernen Arbeitswelt brauchen: Agilität, ganzheitliches Denken, Beharrlichkeit, Dinge auf den Punkt bringen, Delegieren, Coaching, Schnelligkeit usw. Ein Unternehmer hat mal zu mir gesagt, er stelle vorzugsweise Mütter ein. Dann weiß er, dass sein Laden läuft. Und so ist es.«

Punkt. Eigentlich gibt es zu dieser starken Aussage nichts zu ergänzen, doch ich möchte sie noch einmal unterstreichen. Wir Mütter bringen so viele zusätzliche und wertvolle Kompetenzen mit in ein Unternehmen, dass es keinen Grund gibt, sich als Mama beispielsweise in einem Vorstellungsgespräch abstempeln zu lassen. Außerdem sollten wir diese Vorteile selbstbewusst im Berufsumfeld nutzen – am

Ende profitieren die Arbeitgeber überdimensional, die frühzeitig den Mehrwert von Frauen in Teams beziehungsweise Führungsrollen erkennen. Voraussetzung seitens der Unternehmen ist, dies aktiv zuzulassen. Ziel ist es, gemeinsam erfolgreich zu sein. Dazu braucht es die passenden Kandidat:innen und dafür müssen Stereotype bewusst ausgeblendet werden. Leere Diversitätsparolen im Rahmen von Employer-Branding-Kampagnen oder weil es gerne gehört wird, bringen niemanden weiter. So führt *Dr. Kathrin Harteis* weiter aus:

>*»In erster Linie braucht es unmittelbare Vorbilder und insbesondere Aufklärung. Niemand ist vor Stereotypen-Denken gefeit. Das liegt in der Natur des Menschen und wurde von Kindheit an gelernt. Die meisten Stereotype sind unbewusst. Daher ist es wichtig, insbesondere die vier Grundtypen von Stereotypen bei Frauen zu schulen und regelmäßig zu reflektieren. In puncto Erfolgseinschätzung, Mutterrolle, Leistungsbeurteilung und Beliebtheit werden Frauen anders wahrgenommen. Erst wenn einem das bewusst ist, kann man sich proaktiv damit auseinandersetzen und sich neue Denk- und Verhaltensmuster antrainieren. Das ist gar nicht so kompliziert und geht schneller, als man meint.«*

Ein Aspekt, den wir noch kaum thematisiert haben, ist die Führung in Teilzeit. Ich selbst habe einige Jahre meine Führungsrolle in einem 800 Mitarbeiter:innen großen, international tätigen Mittelstandsunternehmen in Teilzeit ausgeübt – zwischen 25 und 30 Stunden pro Woche. Das ging besser, als ich selbst erwartet hatte, weil wir damit im Team und im Unternehmen transparent umgegangen sind. Dazu haben wir neue Wege der Kommunikation und eine gute Erreichbarkeit sichergestellt, auch wenn ich nicht im Einsatz war. Dabei bin ich persönlich der Meinung, dass Führung in Teilzeit insbesondere dann gut funktioniert, wenn ich entweder in einem sich ergänzenden Tandem oder mindestens um die 70 Prozent arbeite. Das Thema behandle ich in den Kapiteln »4. Familie und Karriere im Einklang im europäischen Vergleich« und »7. Potenziale für ManagerMamas und Unternehmen« nochmals intensiver.

HR-Experte und Gründer der HR.runs GmbH, *Andreas Günzel*, Vater von drei Kindern im Alter von drei, sieben und neun Jahren, hat zum Thema Führen in Teilzeit folgende Meinung:

»Teilzeitführung ist für zukunftsorientierte Unternehmen unverzichtbar – ein ›Must-have‹, kein bloßes ›Nice-to-have‹. Aus meiner Sicht als HR-Experte und Geschäftsführer ist Teilzeitführung essenziell. Flexiblere Arbeitsmodelle, insbesondere in Führungspositionen, sind entscheidend, um dem Fachkräftemangel entgegenzuwirken und das volle Potenzial unseres Talentpools und unserer hochqualifizierten Fachkräfte zu nutzen. Diese strategische Neuausrichtung fördert Chancengleichheit und stärkt die wirtschaftliche Resilienz. Indem wir nicht nur Mütter, sondern alle Gruppen, die Teilzeitarbeit anstreben, einbeziehen, schaffen wir eine vielfältige, mitarbeiterorientierte Unternehmenskultur. Dies steigert nicht nur die Mitarbeiterzufriedenheit, sondern trägt auch zum langfristigen wirtschaftlichen Erfolg bei.«

In der gesamten Thematik schwingen permanent die Sichtweisen der Arbeitgeber:innen und Arbeitnehmer:innen mit. Idealerweise im Gleichschwung, manchmal nur noch auf der Suche nach dem gleichen Takt. Doch egal, in welchem Reifegrad sich das Duo befindet, als Mutter und selbstverständlich auch als Vater gibt es gewisse Voraussetzungen, welche die Doppelrolle erst möglich machen. *Evelyne de Gruyter*, Hauptgeschäftsführerin vom Verband deutscher Unternehmerinnen e.V. (VdU) hat zwei bereits erwachsene Kinder im Alter von 20 und 22 Jahren. Als ihre Kinder in der Grundschule waren, kehrte sie in Vollzeit in verantwortungsvolle Führungsrollen zurück. Daher weiß sie genau:

»Die Organisation und Priorisierung von Aufgaben sind das A und O, aber man sollte keinesfalls versuchen, perfekt zu sein – weder als Mutter noch im Job. Und man sollte ein belastbares Netzwerk an Unterstützer:innen haben. Das beginnt bei der Partnerwahl, gilt aber auch für Familie, Freund:innen und Kolleg:innen. Last but not least darf auch die Zeit für mich selbst nicht zu kurz kommen. Ab und zu die Batterien aufzuladen, kann ich wärmstens empfehlen.«

Besonders pragmatisch und mit der Unternehmerbrille und einem klaren Commitment für die Mütter in Führung spricht sich *Jörg Leute*, Gründer und Geschäftsführer von Meisterplan und der itdesign GmbH sowie Vater von drei Kindern im Alter von sechs, neun und zwölf Jahren, aus.

»ManagerMama, na klar geht das. Insbesondere in Zukunft wird es sogar die Regel sein. Denn einerseits sind die Unternehmen auf jede Fachkraft angewiesen und zweitens können ManagerMamas in Unternehmen höchst wichtige Impulse setzen. Damit meine ich konkret: Empathie und Zeitmanagement. Zur Organisation: Die einfachste Variante ist natürlich, wenn der Papa sich um die Kids kümmert. Da das aus meiner Erfahrung bisher noch selten der Fall ist, geht es darum, die Aufteilung der Lasten zu Hause zu klären und sich dabei als Paar nicht aus den Augen zu verlieren. Falls es keinen Partner gibt, gilt es zunächst, die Kinderbetreuung zu klären und die Ziele entsprechend den verfügbaren Zeiten richtig zu planen.«

Das klingt ganz einfach, oder? Schritt für Schritt und mit der notwendigen Motivation sowie ein paar unumgänglichen Randbedingungen ist es das auch. Wären da nur nicht die bereits erwähnten Vorbehalte, welche uns die Eintritts- oder Aufstiegschancen als Mutter im Unternehmen schwerer machen als notwendig. Diesen Gedanken bringt *Evelyne de Gruyter* auf den Punkt, wenn sie sagt:

»Mütter in Führungsrollen stoßen in Deutschland immer noch auf fest verankerte gesellschaftliche Stereotype – nur hier gibt es das Wort Rabenmutter. Neben den notwendigen strukturellen Rahmenbedingungen in Form der Betreuungsinfrastruktur und der Abschaffung von Fehlanreizen braucht es ein ›Umparken im Kopf‹. Wir müssen erfolgreiche Mütter in Top-Positionen, aber auch Väter in Elternzeit als Vorbilder sichtbar machen und überholte Rollenklischees auflösen.«

Das müssen wir in der Tat. Oder hast du schon einmal vom Rabenvater gehört? Ähnlich verhält es sich mit dem Vaterinstinkt oder der männlichen Glucke.

Zusammenfassen lassen sich diese aussagestarken und persönlichen Statements der Mütter und Väter in Führung basierend auf ihren unterschiedlichen Perspektiven und Erfahrungen folgendermaßen:

1. Wichtige Fähigkeiten aus der Elternschaft
Eltern entwickeln durch die Elternschaft auf natürliche Weise Kompetenzen, die in Führungsrollen wichtig sind: Dazu gehören Führungsstärke, Organisationsvermögen, Empathie, Stressresistenz, Visionen, Leidenschaft und Selbstdisziplin. Diese sind in der Geschäftswelt von großem Wert.

2. Doppelrolle als Chance und Herausforderung
Wenig überraschend dürfte sein, dass die Vereinbarkeit von Familie und Karriere sowohl als bereichernd als auch herausfordernd dargestellt wird. Eltern in Führungspositionen erfahren durch ihre Kinder eine Bereicherung für ihre berufliche Tätigkeit und sind umgekehrt deutlich mehr gefordert.

▶▶▶

3. Risiken des Scheiterns

Herausforderungen entstehen durch unzureichende Unternehmensunterstützung, mangelnde Flexibilität in Arbeitsstrukturen, fehlende Akzeptanz von Familienverpflichtungen und persönliche Einstellungen wie übertriebenen Ehrgeiz und Perfektionismus.

4. Vorbilder und gesellschaftlicher Wandel

Die Überwindung gesellschaftlicher Hürden und Stereotype erfordert konkrete Vorbilder und ein Umdenken in der Gesellschaft. Insbesondere das Aufbrechen von Stereotypen und die Sichtbarmachung von erfolgreichen Müttern und Vätern in Führung ist essenziell.

Daraus ergeben sich insbesondere drei Hauptaufgaben:

a. Förderung flexibler Arbeitsmodelle und Teilzeitführung

Zukunftsfähige Unternehmen müssen flexible Arbeitsmodelle unterstützen, um dem Fachkräftemangel entgegenzuwirken und Chancengleichheit zu fördern. Das beinhaltet die Akzeptanz von Teilzeitführung als wichtigem Bestandteil der Unternehmenskultur.

b. Organisation und Priorisierung von Aufgaben

Erfolgreiche Eltern in Führung sind meisterhaft in der Organisation und Priorisierung ihrer beruflichen und familiären Verpflichtungen. Sie wissen, dass Perfektion nicht das Ziel sein kann, und betonen die Wichtigkeit eines unterstützenden Netzwerks.

c. Bewusstsein und Auseinandersetzung mit Stereotypen

Es ist notwendig, sich mit den vorherrschenden Stereotypen auseinanderzusetzen, um neue Denk- und Verhaltensmuster zu entwickeln. Aufklärung und Schulung zu diesem Thema sind entscheidend.

Die Statements unterstreichen, dass die Integration von Familie und Karriere nicht nur möglich, sondern auch bereichernd für Unternehmen und die betroffenen Personen sein kann. Die Hauptaufgaben liegen in der Schaffung von Rahmenbedingungen, die diese Integration unterstützen, und in einem gesellschaftlichen Wandel, der überholte Stereotype hinterfragt und auflöst, sowie bei den Müttern selbst, die diese Vorteile selbstbewusst mit in das Unternehmen bringen und dafür aktiv Bewusstsein schaffen.

4. Familie und Karriere im Einklang im europäischen Vergleich

Jetzt geht es auf eine vergleichende Reise durch Europa, um zu erkunden, wie unterschiedlich Länder mit der Vereinbarkeit von Beruf und Familie umgehen. Von den skandinavischen Ländern, die oft als Vorbilder in Bezug auf Geschlechtergleichheit und Familienpolitik gelten, bis hin zu südeuropäischen Ländern, die traditionellere Ansätze verfolgen, untersuchen wir die politischen Rahmenbedingungen, kulturellen Unterschiede und die individuellen Geschichten von Müttern, die in verschiedenen Systemen arbeiten und leben. Dieses Kapitel bietet nicht nur einen Überblick, sondern auch tiefgehende Einblicke in die Herausforderungen und Chancen, die sich aus unterschiedlichen nationalen Ansätzen ergeben. Es zeigt, wie politische Entscheidungen, gesellschaftliche Normen und individuelle Entscheidungen zusammenwirken, um die Arbeits- und Familienwelten von Frauen zu gestalten. Ein Einblick, der uns dabei helfen kann, zu verstehen, warum bestimmte Verhaltensweisen vorherrschen und wie wir Barrieren leichter durchbrechen können.

Zahlen, Daten, Fakten

Nach aktuellen Studien, wie dem Mittelstandsbarometer von EY[25] oder der AllBright Stiftung[26] sind Frauen in Führungsrollen im deutschen Mittelstand mit 7 bis 13 Prozent Anteil weiterhin eine Rarität. Von Teilzeit ganz zu schweigen. Als Mama siebenjähriger Zwillinge, davon sechs Jahre in Führungspositionen bei einem mittelständischen Elektrotechnikhersteller, und seit zwei Jahren Inhaberin einer Kommunikationsberatung lebe ich vor, wie Verantwortung für ein Team, Karriere und Familie sehr gut miteinander funktionieren. Und das erfolgreich – für beide Seiten. Dabei ist nichts selbstverständlich, der Weg dahin nicht immer einfach. Doch ich bin hundertprozentig davon überzeugt: Es ist möglich, wenn man es wirklich will. Es drängt sich dennoch die Frage auf: Woher kommt nur der niedrige Frauenanteil? Kenne ich doch viele hochqualifizierte, motivierte Mütter, die schon vor den Kindern in Führungsrollen waren oder dafür bestens vorbereitet sind. Doch sie klagen über Absagen. Die Gründe reichen von »Stelle in Teilzeit nicht möglich« über (immer noch!) »Präsenz vor Ort als Führungskraft vorausgesetzt« bis zu »durch einen Mann oder eine kinderlose Frau besetzt«. Wenn Unternehmen doch händeringend nach Top-Talenten und dem »best fit« suchen, kann es wirklich sein, dass darunter so wenig Mütter fallen?

Hätten wir es möglicherweise in anderen Ländern als karrierebewusste Frau leichter? Wohlgemerkt, in der Doppelrolle als Managerin und Mama? Das kommt drauf an! Was die Möglichkeit angeht, als Teilzeit-Führungskraft zu arbeiten, eher nein. Was eine Karriere als Mutter in Führungsposition betrifft, vielleicht. Was die viel beschriebene Work-Life-Balance angeht – definitiv, ja! Deutschland liegt im europäischen Ranking der Work-Life-Balance aktuell auf Platz 12.[27] Kleiner Ausflug ins Glück: In Sachen Glücksniveau liegt Deutschland auf Platz 13, ist also ebenso (noch) nicht vorne dabei.[28]

statista[29] meldete 2021, dass in der EU durchschnittlich nur jede dritte Führungskraft eine Frau ist – circa 35 Prozent. In Deutschland waren es nur 29 Prozent – wir erinnern uns, dass es im Mittelstand laut Studien sogar nur weniger als die Hälfte davon sind – und viel ist seither nicht passiert. Anders sieht es in Lettland aus mit einem Anteil von 45 Prozent, in Polen mit 43 Prozent und mit 42 Prozent in Schweden.

Somit haben wir offensichtlich noch reichlich Luft nach oben. Schließlich sprechen wir hier nur von Frauen, noch nicht von Frauen mit Kindern. Leider liegen mir hierzu keine direkt vergleichbaren Zahlen vor. Doch zur besseren Einordnung: Stand 2019 waren 6,9 Millionen Mütter im Vergleich zu 46,5 Millionen Personen insgesamt erwerbstätig.[30] Das ist ein Anteil an Müttern von 15 Prozent, wobei davon wiederum nur ein Bruchteil in Führungspositionen arbeitet. Woran liegen diese großen Unterschiede? An Gewohnheiten, gesellschaftspolitischen Rahmenbedingungen, Familienkonstellationen etc.? Ein Themenfeld, das ich mehr als spannend finde.

Tauchen wir also eine Ebene tiefer ein. Der Business Insider[31] berichtete im Mai 2021: Nur 12 Prozent der deutschen Führungskräfte (davon mehr Frauen als Männer) arbeiten in Teilzeit. Damit liegen wir in Deutschland im europäischen Vergleich sogar recht weit vorne. Island, mit einer sehr hohen Teilzeitquote, liegt jedoch mit 22 Prozent noch deutlich höher. Was sagt uns das? Teilzeit ist bei Führungskräften immer noch eine echte Rarität. Abgesehen von dem gesellschaftlich verbreiteten Kopfschütteln, wenn ambitionierte Frauen schon wenige Wochen oder Monate nach Geburt ihres Kindes wieder in ihren Job zurückkehren wollen, stecken dahinter unter anderem ein persönliches Mindset sowie tradierte Rollenmuster.

Fassen wir zusammen: Nur 12 Prozent der deutschen Führungskräfte arbeiten in Teilzeit. 66 Prozent der Mütter arbeiten in Teilzeit[32] und 28,9 Prozent der Führungskräfte sind weiblich.[33] Der Anteil an Müttern in Führungsrollen und Teilzeit liegt sicherlich im einstelligen Bereich. Im Vergleich zu den Männern dürfte er einen Großteil davon ausmachen. Und das in Zeiten, in denen nicht nur für Mütter oder Pflegende von Angehörigen und auch nicht nur für die Gen Z, sondern über alle Generationen hinweg Teilzeit ein gefragtes Arbeitsmodell ist. Eine kürzlich von dem Beratungsunternehmen Deloitte erschienene Studie zeigt, dass die Präferenz von Teilzeitarbeit und einer besseren Work-Life-Balance mit zunehmendem Alter sogar steigt.[34] Flexible Arbeitsmodelle, dezentrales Arbeiten und eine ideale Vereinbarkeit von Beruf und Privatleben sind dabei enorm wichtig. Das gilt für Mütter und Väter mit kleinen Kindern erst recht.

Von optionalem Familialismus, implizitem Familialismus bis zum Subsidiaritätsprinzip

Andere Länder, andere Sitten – ganz in diesem Sinne unterscheiden sich die Herangehensweisen, die Einstellung und natürlich die gesetzlichen Regelungen von Land zu Land. Ein Blick auf europäische Nachbarn zeigt schnell die enorme Spannbreite in diesem Kontext. Ich selbst ertappe mich immer wieder dabei, nach Skandinavien zu schielen oder französische Normalität in den Vergleich zu deutschen Regelungen für Eltern zu ziehen. Ob das gut ist? Manchmal relativiert es zumindest unsere »Probleme« und zeigt zudem, was doch alles möglich ist, ohne dass eine:r der Beteiligten darunter leidet. Welche Rahmenbedingungen finden wir also konkret für Mütter bzw. Eltern in anderen EU-Ländern vor?

Die unterschiedlichen Ansätze und Unterstützungsstrukturen beeinflussen selbstverständlich die Rückkehr von Müttern in Führungspositionen. Weniger finanzielle Unterstützung kann somit einerseits eine Erschwernis für Familien mit kleinen Kindern sein, andererseits durch eine verhältnismäßig kurze Auszeit die Rückkehr vereinfachen, da der Arbeitgeber weniger Ausfallzeit hat.

Deutschland: Im Vergleich zu anderen europäischen Ländern ist der Mutterschutz in Deutschland eher kurz (sechs Wochen vor und acht Wochen nach der Geburt), allerdings steht Eltern eine 14-monatige bezahlte Elternzeit – mit 67 Prozent des durchschnittlichen Gehalts der letzten zwölf Monate, maximal 1800 Euro monatlich[35] – zu.[36]

Osteuropa: In osteuropäischen Ländern ist die Unterstützung für Eltern oft sehr großzügig. Beispielsweise bietet Bulgarien den längsten Mutterschutz mit 58,5 Wochen bei 90 Prozent des Gehalts.[37] An der Spitze steht Rumänien mit zwei Jahren Elternzeit bei 85 Prozent des Lohns, gefolgt von Litauen, wo Eltern bis zu drei Jahre Elternzeit nehmen können, die ersten 52 Wochen bei 100 Prozent ihres Gehalts.[38]

Finnland: Hier erhalten Väter 54 Tage Vaterschaftsurlaub bei 70 Prozent ihres vorherigen Lohns.[39]

Großbritannien: Hier gibt es 52 Wochen Mutterschutz, wobei nur in den ersten sechs Wochen 90 Prozent des Gehalts und danach rund 160 Euro pro Woche gezahlt werden.[40]

Frankreich: Das Land bietet nach 16 Wochen Mutterschutz und elf Tagen Vaterschaftsurlaub lediglich rund 400 Euro Erziehungsgeld, was oft nicht ausreicht, um davon zu leben.[41]

Italien: Dort gibt es 22 Wochen Mutterschutz bei 80 Prozent des Gehalts.[42]

Auf den zweiten Blick ist klar, dass Unternehmen auch in diesen Ländern flexible Arbeitsmodelle, umfassende Kinderbetreuungsmöglichkeiten und gezielte Karriereförderungsprogramme benötigen, um die Rückkehr und das Verbleiben von Müttern in Führungspositionen zu erleichtern. Die Realität zeigt, dass die Verfügbarkeit solcher Unterstützungsmaßnahmen je nach Unternehmen, Branche und Land sehr unterschiedlich ist. Was auffällt, ist jedoch, dass das Mindset länder- oder regionsspezifisch noch viel unterschiedlicher ist. Genau damit steht und fällt aus meiner Sicht vieles, was möglich ist oder wäre.

Optionaler Familialismus in skandinavischen Ländern

Beispielsweise zeichnet sich Skandinavien durch sein Modell des optionalen Familialismus aus. In skandinavischen Ländern wie Dänemark, Finnland und Schweden liegt der Fokus auf Geschlechtergleichheit und individueller Förderung von Kindern – eine Politik, welche Frauen in Führungspositionen unterstützt. Es gibt eine gut ausgebaute öffentliche Kinderbetreuung und ein Steuersystem, das auf individuellen sozialen Rechten basiert. In diesen Ländern ist die Erwerbsbeteiligung von Männern und Frauen hoch, unabhängig vom Familienstand. Es gibt generell großzügigere Regelungen für Elternzeit und eine stärkere gesellschaftliche Akzeptanz der Teilnahme von Vätern an der Kinderbetreuung als in anderen Ländern. Auf Basis dieses Modells haben Mütter unabhängige Erwerbschancen und soziale Sicherheit, wodurch eine bessere Vereinbarkeit von Familie und Beruf ermöglicht wird.[43] Beispielsweise arbeiten in Schweden 51 Prozent und in Finnland 81 Prozent der Mütter mit Kindern unter sechs Jahren in Vollzeit.[44]

Impliziter Familialismus in Südeuropa

Dagegen steht der implizite Familialismus, der in südeuropäischen Ländern wie Spanien, Italien oder Griechenland vorherrscht. Hier wird wenig staatliche Unterstützung für Familien geboten, es gibt wenig öffentliche Unterstützung für Kinderbetreuung und die Familie übernimmt viele soziale Funktionen – der Staat geht quasi von einer funktionierenden Familie aus. Dies führt zu einer geringen Vereinbarkeit von Familie und Beruf und einer starken Abhängigkeit von der erweiterten Familie. Die soziale Sicherung begünstigt das (männliche) Familienernährermodell, junge Menschen und Frauen haben oft keinen Zugang zu stabiler Beschäftigung und sozialer Absicherung. In diesen Ländern gibt es häufig eine traditionelle Rollenverteilung, wobei Frauen in der Regel für die Kinderbetreuung verantwortlich sind und weniger ihrem Beruf nachgehen.[45]

Subsidiaritätsprinzip in Deutschland

Und in Deutschland? Hier zielt die Familienpolitik zunehmend auf die Vereinbarkeit von Beruf und Familie ab. Deutschland bewegt sich damit zwar näher an die Ziele der EU und die Familienpolitiken der skandinavischen Länder heran. Allerdings herrscht in Deutschland das Subsidiaritätsprinzip vor. Das bedeutet, dass der Staat der Familie einen Vorrang einräumt und diese aktiv fördert. Dieses Prinzip zielt auf einen horizontalen Ausgleich von Familienlasten und eine finanzielle Unterstützung von Familien ab. Die Besteuerung erfolgt nicht primär auf individueller Basis, sondern beruht auf Ehe und eingetragener Lebenspartnerschaft. Es gibt steuerliche Vorteile für bestimmte Familienmodelle und soziale Sicherungssysteme, die auf der erwerbsbezogenen Sozialversicherung basieren. Nichterwerbstätige Familienmitglieder sind in der gesetzlichen Kranken- und Rentenversicherung mit abgedeckt.

Einerseits bringt diese Politik teilweise Vorteile mit sich. Auf der anderen Seite fördert dieses Muster das traditionelle, männliche Ernährermodell und stellt eine Herausforderung für die Erwerbsintegration von Frauen dar, ganz zu schweigen von der beruflichen Karriere.[46] Trotz gleicher oder höherer Qualifikationen und Führungskompetenzen sind in Deutschland Frauen in Führungspositionen immer noch stark unterrepräsentiert. Die traditionelle Rollenaufteilung in Haushalt und Familie, besonders die zugeschriebene Mutterrolle, erschwert die Vereinbarkeit von Beruf und Familie.[47]

So kommen wir als Frau, die gerne ihre Karriere auch mit Kind weiterverfolgen möchte, leider nicht wirklich weiter – denn mit diesem Bild im Kopf werden mindestens unterbewusst auch männliche Recruiter, Kollegen oder Partner Frauen – insbesondere Müttern – die Türen nicht (weit genug) öffnen.

Hinzu kommt aus meiner Erfahrung in Deutschland ein ausgeprägter Perfektionismus. Die Mutter muss nicht nur Mutter sein und arbeitet vielleicht sogar gerne, sie muss, soll oder will die perfekte Hausfrau, Ehefrau, Vorzeigefrau und gerne auch erfolgreiche Managerin sein. Burnout, wo bleibst du? Ich habe nicht nur eine Freundin, die sich dadurch geradewegs in einen psychischen Ausnahmezustand katapultiert hat. Studien bestätigen, dass Frauen in Deutschland hiervon besonders gefährdet sind. Dazu mehr im Abschnitt »Die Mental-Load-Falle« in Kapitel 5. Doch auch ohne ins Extreme abzuwandern: Wir sind noch auf dem Weg! Und für alle, denen die Vereinbarkeit von Familie und Karriere wichtig ist, sind diese Hintergründe wichtig zu verstehen, um sie weiter im Sinne der Chancengleichheit zu verändern.

Zusammenfassend lässt sich sagen, dass in Skandinavien eine stärkere Betonung auf Geschlechtergleichheit und individuellen Rechten liegt, während in südeuropäischen Ländern traditionelle Familienstrukturen vorherrschen und in Deutschland ein stärkerer Fokus auf der Familie als Einheit besteht. Diese unterschiedlichen Ansätze spiegeln die kulturellen und politischen Unterschiede in der Wahrnehmung und Unterstützung von Familien und Berufstätigkeit in verschiedenen Teilen Europas wider. Sie führen zu unterschiedlichen Chancen und Herausforderungen für Frauen in Karrierepositionen oder mit entsprechenden Ambitionen in Bezug auf die Vereinbarkeit von Familie und Beruf.

Gemeinsam haben alle Regionen, dass Faktoren wie die Verfügbarkeit flexibler Arbeitsmodelle, Kinderbetreuungseinrichtungen und gesellschaftliche Einstellungen zu Geschlechterrollen eine wesentliche Rolle bei der Förderung oder Behinderung der Karrierechancen von Managerinnen nach der Elternzeit spielen.

Jetzt könnte man sagen: Da haben wir ja die Begründung dafür, wo wir aktuell stehen. Ein Treffer ins Schwarze, würde ich eher sagen, um besser zu verstehen, wo wir ansetzen müssen, um in Ländern, in denen wir noch nicht skandinavischen Familialismus erreicht haben, in diese Richtung weiterzukommen. Das ist nicht ausschließlich eine Mindset-Frage, wenngleich die entsprechende Einstellung und der Wille für diese Veränderung eine hervorragende Basis darstellen.

In Schweden ist das Mindset ein anderes

An dieser Stelle lohnt sich ein genauerer Blick nach Schweden. Hier ist beispielsweise Teilzeit für Führungskräfte ganz normal. Insbesondere übernehmen Frauen und Männer beide gleichermaßen Verantwortung in Sachen Vereinbarkeit von Karriere und Familie, berichtet *Nicole Jacobsson.*

Nicole ist Deutsche, aber mit einem Schweden verheiratet, und hat über sechs Jahre in Schweden gelebt. Dort hatten beide hohe Managementfunktionen inne, ihr Mann als CFO und Nicole als CHRO in großen Unternehmen. Ihre beiden Kinder sind in Schweden geboren und als Familie haben die Jacobssons somit die heiße Phase mit kleinen Kindern in Skandinavien live durchlebt. Für meinen Blog ManagerMama.de durfte ich mit Nicole ein spannendes Interview über Unterschiede der beiden Länder führen. Eine kleine Anekdote von Nicole lässt tief blicken:

»Vor der Geburt unseres zweiten Kindes war ich im sechsten Monat schwanger mit dickem Bauch in einem Vorstellungsgespräch und habe kurz darauf die Zusage für eine Vorstandsrolle bekommen. Von beiden Seiten gab es hier ein ganz starkes Commitment. Das ist sicherlich auch in Schweden nicht alltäglich. Doch mir ist heute klar, dass in Schweden und auch anderen skandinavischen Ländern mit Blick auf Familien und eben auch Eltern in Führungsrollen eine ganz andere Grundhaltung als in Deutschland vorherrscht. Mein Mann hat sodann die Elternzeit übernommen – ging damit aus einer sehr verantwortungsvollen Managerrolle für neun Monate in Elternzeit.«

Folgendes berichtet forskning.se, eine schwedische Plattform für Forschungsergebnisse:[48]

»Eine weit verbreitete Auffassung ist, dass Väter mit hohem Einkommen und hohem Status weniger Elternzeit nehmen als Väter mit Jobs mit niedrigem Status, weil sie mehr zu verlieren haben. Die Realität zeigt jedoch genau das Gegenteil. Laut der Statistik der schwedischen Sozialversicherungsanstalt teilten sich im Jahr 2019 nur 19 Prozent der Eltern die Elternzeit zu gleichen Teilen – was bedeutet, dass beide Elternteile zwischen 40 und 60 Prozent der Elternzeit in Anspruch nehmen. Eine weit verbreitete Auffassung ist, dass es für Väter mit hohem Status schwieriger ist, Elternzeit zu nehmen, weil ihre Karriere

und Gehaltseinbußen dem ein Ende setzen, aber paradoxerweise zeigen
Untersuchungen, dass genau das Gegenteil der Fall ist – sie sind diejenigen, die den meisten Urlaub nehmen.«

Nach der Elternzeit der Jacobssons kamen beide Kinder mit elf Monaten in die Kita in Vollzeitbetreuung, sprich bis 17 Uhr. Das sei in Schweden überhaupt nicht ungewöhnlich, berichtet Nicole und ergänzt:

»Außerdem ist es in Schweden total normal, im Notfall ohne schlechtes
Gewissen den Arbeitsplatz für die Kinder zu verlassen, und prinzipiell
sind Meetings ab 17 Uhr eine Seltenheit.«

Für Nicole liegt der größte Unterschied zwischen Deutschland und Schweden im Mindset, konkret in der Erwartungshaltung:

»Die Arbeitswelt stellt sich hier auf die familiären Gegebenheiten mit
ein und man findet gemeinsam die Lösungen, die die Situation mit Familie erfordert«, berichtet Nicole und bestätigt: *»Dabei gehen Mann*
und Frau gleichermaßen in die Verantwortung.«

In Deutschland denken wir immer noch in sehr tradierten Rollen, was ganz viel mit uns – vor allem als Frau – macht.

»Als wir nach Deutschland zurückkamen, war mein Großer gerade
fünf Jahre alt. Die Phase, in der man Kita-Freundschaften und Co. aufbaut. Ich war schwer beeindruckt über die Agenda, die sich Mütter hier
selbst aufstellen. Die Ansprüche von selbst gebackenen Kuchen über
Partys und so weiter. Ich fragte mich, ob ich eine schlechte Mutter sei.
Wir hatten keine Oma und keinen Opa in der Nähe, aber wir hatten
ein Au-pair. Meine Kinder wurden meistens vom Au-pair gebracht und
geholt und schon allein deswegen war ich hier eine persona non grata
bzw. diese Unmutter (vor 10 Jahren! – das ist heute schon wieder etwas

anders). Ohne die schwedische Erfahrung hätte ich das allerdings nicht so leicht ausgehalten. So war mir klar, ich bin keine schlechte Mutter, meine Kinder sind nicht unglücklich, das ist okay so. Es ist einfach ein anderes Lebensmodell«, erzählt Nicole in unserem Interview.

Nicole fasst den Vergleich zwischen Deutschland und Schweden sowie ihrer Herangehensweise eindrücklich zusammen, indem sie sagt, dass in Deutschland vieles zerdacht werde, wir sehr hohe Ansprüche an uns selbst stellen würden und eine gewisse Schwere im Alltag liege, was sie so aus Schweden nicht kennt. Sicherlich geprägt von ihrem Naturell, aber auch beeindruckt von den schwedischen Einflüssen geht Nicole Themen stets lösungsorientiert an und lebt das Mindset, etwas einfach zu machen. So habe sich ihr Leben meist leicht angefühlt, obwohl in den ersten drei Jahren in Deutschland ihr Mann sogar noch in Schweden weitergearbeitet hat und sie mit den Kindern – ohne Großeltern oder andere Verwandte in der Nähe – allein war.

»Es geht um Selbstwirksamkeit und darum, zu wissen, was man in Sachen Karriere erreichen will. Das kann bis dahin gehen, dass ein Großteil des Gehalts in Kinderbetreuung fließt, um so den eigenen Karrierepfad weiterverfolgen zu können«, so Nicole. Motivierten ManagerMamas gibt sie mit auf den Weg: *»Ändere dich selbst, werde selbstwirksam und warte nicht darauf, dass sich dein Umfeld, die Politik oder die Gesellschaft ändern.«*

Diversity und Vereinbarkeit sind auch in Schweden wichtige Themen in der Wirtschaft. Ähnlich wie Nicole Jacobsson war beispielsweise Marianne Hamilton mehrere Jahrzehnte im schwedischen Top-Management. Wie Frauen selbst in Schweden, einem Land, das die Nase in der Hinsicht weit vorne hat, noch selbstwirksamer werden und eine Karriere auf Augenhöhe mit den Männern führen können? Dazu berichtet Marianne Hamilton in ihrem jüngst erschienen Buch »Es darf auch leicht sein«[49].

In Italien sind für ManagerMamas lange Arbeitszeiten gesetzt

Aus dem Norden schwenken wir den Blick in den Süden. Im Gespräch mit einer erfolgreichen italienischen ManagerMama werden die Unterschiede der Regionen und damit einhergehend den gesellschaftlich-kulturellen wie auch unternehmerischen Spezifika deutlich.

Maena Ferrero ist Senior Vice President und Chief Digital & Information Officer in der Abteilung Compliance bei UniCredit. Außerdem ist sie Mutter von zwei Kindern im Alter von 17 und 19 Jahren. Als Italienerin fühlte sie sich in dieser Kombination lange Zeit eher als Ausnahme denn als Norm. Gleichwohl hat sich die Situation in den letzten zehn Jahren glücklicherweise sukzessive verbessert. In einem Interview mit ihr wiederholt sie mehrfach, dass ihr Umfeld ihr jahrelang ein schlechtes Gewissen gemacht hat, weil sie sich entschieden hat, neben ihrer Familie eine solide Karriere zu verfolgen.

In Italien ist aus kultureller Sicht der Mann immer noch derjenige, der Karriere macht, und die Mutter ist die Familienikone, die oft ganz zu Hause bleibt und nur selten in eine Teilzeitstelle zurückkehrt.

Aber auch hier haben sich die Zeiten geändert. Vor 30 Jahren waren Aussagen gegenüber einer Frau wie »Fühlen Sie sich geehrt, dass wir Sie als Frau eingestellt haben, aber erwarten Sie bitte keine Karriere« nicht unüblich. Vor etwa 20 Jahren kehrte Maena nach einem sechsmonatigen Erziehungsurlaub an ihren Arbeitsplatz zurück. Als sie wieder startete, wurde ihr von ihrem Vorgesetzten sofort gesagt, dass sie keine Anerkennung erwarten könne, weil sie in Elternzeit war. Klare Worte, klares Bild. Das ist lange her und *»die Dinge haben sich geändert, vor allem in internationalen Unternehmen wie UniCredit«*, sagt Maena. Aber eine Karriere in Italien bedeutet zum Beispiel immer noch sehr lange Arbeitstage, sowohl für Männer als auch für Frauen.

»Teilzeitarbeit ist keine Option, wenn man den ganzen Tag lange und nach sehr anspruchsvollen Zeitplänen arbeiten muss«, sagt Maena.

Diese Erfahrungen veranlassten Maena bei ihrem nächsten Stellenwechsel, ihren Vorgesetzten zu bitten, sie von Anfang an wie einen Mann zu behandeln. Nicht besser, nur gleich. Er hat es sich gemerkt. Als Maena nach der Geburt ihres zweiten Kindes zurückkehrte, wurde sie in ihrer Rolle als ManagerMama befördert. Es funktioniert also. Gleichzeitig gibt Maena zu, dass ihr Karriereweg, den sie unter anderem wegen ihres Studiums und ihrer beruflichen Erfüllung so gehen wollte, einen hohen Preis hatte. Erst seit Covid kann sie zweimal pro Woche mit ihrer Tochter zu Mittag essen, weil sie zwei Tage von zu Hause aus arbeitet. In den ersten 15 Jahren war dies unmöglich und dem Babysitter vorbehalten, den sie abends gegen 20 Uhr ablöste. *»Das war nicht leicht für mich. Ich habe darunter gelitten, aber ich musste eine Entscheidung treffen«,* sagt Maena sehr ehrlich. Dies wurde insbesondere durch die starke Unterstützung ihres Mannes und eines Vollzeit-Babysitters ermöglicht.

»Zeitweise war mein Mann mehr Mutter als ich, obwohl er selbst in einer Führungsposition arbeitete. Ich hatte seine volle Unterstützung und wir konnten uns diesen Weg leisten.«

Gleichzeitig machten ihnen Freunde ständig ein schlechtes Gewissen. Sie prognostizierten, dass es den Kindern an Stabilität fehlen könnte, dass ihnen eine wichtige Säule fehle. Viele Jahre später weiß Maena, dass dies nicht der Fall war und ist, im Gegenteil: Ihre Tochter ist bereits stolz auf ihre Mutter und sieht sie als Vorbild. Sie schätzt es, dass ihre Mutter für sie den Weg ebnet, ist selbstbewusst und hat schon heute einen starken sozialen Hintergrund – im positiven Sinne.

Darüber hinaus ist die Vereinbarkeit von Beruf und Familie für weibliche Führungskräfte nur eine unternehmerische Floskel. Die Realität: »*Als Managerin arbeitet man in Italien sehr hart*«, sagt Maena. Sport zum Beispiel hat erst seit Kurzem wieder einen festen Platz in ihrem Leben – jetzt, wo die Kinder ihre Freizeit immer selbstständiger gestalten –, obwohl er Maena viel bedeutet und ihr Energie gibt. Viele Frauen in Italien entscheiden sich unter anderem aus diesen Gründen gegen eine Karriere. Nur so haben sie die Chance, für ihre Kinder daheim zu sein und die Bedürfnisse der Familie so gut wie möglich unter einen Hut zu bringen. Hinzu kommt, dass Mütter in Italien wenig wirtschaftliche Unterstützung erhalten, weshalb sich nicht alle eine angemessene Kinderbetreuung leisten können, vor allem nicht zu Beginn der Karriere.

»*Ich hatte die Möglichkeit, in einen Vollzeit-Babysitter zu investieren, was, wie ich weiß, ein Privileg gegenüber vielen anderen berufstätigen Frauen war. Da unsere Großeltern weit weg wohnen, konnten wir die langen Arbeitszeiten ohne ihre Unterstützung nicht bewältigen.*«

Mit Blick in die Zukunft vertritt Maena jedoch folgende optimistische These:

»*Die Generation Z will eine bessere Work-Life-Balance. Das könnte dazu führen, dass sie als Arbeitnehmer:innen die derzeitige Situation in Zukunft nicht mehr akzeptieren, selbst wenn sie keine Kinder haben.*«

Fazit: Durch den Vergleich zwischen den politischen, kulturellen und sozialen Rahmenbedingungen in Skandinavien, Südeuropa und Deutschland wird deutlich, wie regionale und länderspezifische Unterschiede das Umfeld in Unternehmen und die Lebensrealität von berufstätigen Müttern prägen.

Das Bewusstsein dieser Unterschiede ist nicht nur aufschlussreich, um die Mechanismen hinter den jeweiligen nationalen Politiken zu verstehen, sondern auch, um zu erkennen, dass Veränderungen möglich sind, wenn diese Mechanismen aktiv genutzt und angepasst werden. Diese Erkenntnisse ermöglichen es, bestehende Barrieren gezielter zu durchbrechen und neue Wege in der Arbeitswelt zu beschreiten.

Besonders deutlich wird, dass die Rolle von Frauen in Führungspositionen in Skandinavien durch unterstützende politische Maßnahmen und eine hohe gesellschaftliche Akzeptanz von Geschlechtergleichheit gefördert wird, während in Südeuropa und teilweise auch in Deutschland traditionellere Rollenbilder und eine weniger ausgeprägte öffentliche Unterstützung vorherrschen.

Die Fakten dieses Kapitels verdeutlichen, kombiniert mit den persönlichen Geschichten, dass ein stärkeres Engagement für flexible Arbeitsmodelle, umfassendere Kinderbetreuungsmöglichkeiten und eine gleichberechtigte Arbeitskultur wesentlich sind, um die Vereinbarkeit von Familie und Karriere zu verbessern. Dadurch erhöht sich nicht nur die Lebensqualität berufstätiger Mütter, sondern auch die wirtschaftliche Leistungsfähigkeit von Unternehmen, die diese Herausforderungen erkennen und angehen, wird gestärkt.

5. Das neue Leben als Eltern und seine Herausforderungen

In diesem Kapitel geht es vorrangig um die prägenden ersten Jahre der Elternschaft und die damit einhergehenden einschneidenden Veränderungen im Leben junger Familien. Von der Neuverteilung der häuslichen Aufgaben bis zur Navigation durch die komplexe Welt der Kinderbetreuung und beruflichen Wiedereingliederung bietet dieses Kapitel einen umfassenden Einblick in die Realitäten, die junge Eltern heutzutage erwarten. Es geht um die Bedeutung von Unterstützungsnetzwerken und darum, wie junge Eltern eine Balance finden können, die sowohl ihren beruflichen Ambitionen als auch ihren familiären Verpflichtungen gerecht wird. Das Kapitel bietet eine Mischung aus praktischen Ratschlägen und realen Einblicken in die Herausforderungen und Freuden, die die Elternschaft mit sich bringt.

»Von null auf hundert« oder »über Nacht ist alles neu« – die Rollenverteilung in der Familie

Über Nacht wurde mein Leben völlig umgekrempelt. Mit der Geburt meiner Zwillinge war auf einmal nichts mehr wie zuvor. Plötzlich war ich nicht mehr nur eine Managerin, die große Teams und Projekte leitete, sondern auch die Hauptverantwortliche für zwei kleine Leben. Ich musste lernen, meine Verantwortung als Führungskraft mit meiner neuen Rolle als Mutter auszutarieren. Dass ich die Doppelrolle wollte, war mir mit dem Kinderwunsch schon klar. Die Herausforderung: meine Führungsrolle im Beruf mit der neuen Rolle als Mutter zu vereinbaren. Die Vereinbarkeit von Familie und Karriere als ManagerMama bedeutet für mich, kreativ zu sein und bestehende Rollenbilder und Muster zu hinterfragen. Schnell lernten wir in unserer Familie, wie wichtig Flexibilität und Spontaneität sind. Vieles ist mit (kleinen) Kindern nicht mehr in dem Maße planbar wie davor und das ist in Ordnung so. Es erfordert jedoch eine Bereitschaft, Pläne zu ändern und spontan auf neue Gegebenheiten sowie die Bedürfnisse der Kinder einzugehen. Dies wiederum setzt ein solides Netzwerk und gegenseitige Unterstützung voraus, um beiden Rollen gerecht werden zu können.

In den ersten Monaten mit Babys fand eine enorme Umstellung statt. Wir mussten als Eltern schnell unsere Rollen neu verteilen. So kümmerte sich mein Mann neben seinem Job verstärkt um Einkäufe, Kochen, sportliche Auszeiten, neuerdings mit Jogger-Buggy, und die Nachtschichten mit den Kindern – nachts war ich nämlich so müde, dass ich teilweise nicht mal die Kinder schreien hörte, geschweige denn mitbekam, wenn er sie fütterte. Dagegen konzentrierte ich mich vorrangig auf Haushalt, Organisatorisches, die Tagschichten mit den beiden, sportlichen Ausgleich sowie meine beruflichen Verpflichtungen.

Zwar war ich ein Jahr in Elternzeit, stand aber mit meinem Team und dem Unternehmen weiterhin regelmäßig im Austausch. Wir telefonierten und schrieben zwischendurch WhatsApp und Mails. Sechs Wochen nach der Geburt habe ich einen Teil des Teams auf einer Messe besucht und mich über das Jahr hinweg mit Kolleg:innen mal zum Walking-Meeting, mal zum Play-Date mit deren Kindern verabredet. Das funktionierte super und ist eine Empfehlung, die ich gerne weitergebe. Der Kontakt und der Austausch während der Elternzeit helfen, am Puls des Teams sowie der aktuellen Themen zu bleiben, die persönliche Bindung aufrechtzuhalten und zugleich das Gehirn mal wieder fachlich zu fordern. Bei all dem war die Unterstützung von außen – sei es durch Familie, Freunde oder professionelle Dienste, wie eine Haushaltshilfe und nach einem halben Jahr eine Kinderfrau – unverzichtbar und Gold wert.

Die entscheidenden ersten sieben Jahre von Kindern

Es gibt sie: diejenigen, die sich intensiv auf neue Situationen vorbereiten, zum Beispiel durch ausführliches Einlesen, Googeln oder Planen dessen, was da so auf sie zukommen könnte. Der Typ bin ich definitiv nicht. Das hat den Vorteil, dass ich mich auch selten mit irgendwelchen Halbwahrheiten verrückt mache, sondern situativ agiere und mit dem Flow gehe. Eine Erkenntnis durchbrach meinen Flow eines Tages jedoch für einen Moment. Eine Freundin schickte mir einen Link zu einer Harvard-Studie[50], welche die Bedeutung der ersten Lebensjahre für die kindliche Entwicklung hervorhebt. Demnach seien die ersten sieben Jahre entscheidend, da in diesen Jahren die Grundlagen für kognitive, soziale und emotionale Fähigkeiten gelegt werden. Die Architektur des Gehirns werde geformt, und über eine Million neuer neuronaler Verbindungen entstünden pro Sekunde in den ersten Jahren. Die Beziehung der Eltern zu ihren Kindern, das sogenannte »Serve and return«-Prinzip, sei entscheidend für eine gesunde Entwicklung. Toxischer Stress in der frühen Kindheit, etwa durch extreme Armut oder Vernachlässigung, könne langfristige Probleme in Lernen, Verhalten und Gesundheit verursachen.

Das war eine geballte Ladung zum Nachdenken für uns als Eltern. Dieser Verantwortung gilt es natürlich gerecht zu werden – welche Eltern würden das nicht wollen? Gleichzeitig stelle ich mir die Frage:

Muss dafür immer die Mutter diejenige sein, die sich um die Kinder kümmert? Meine Antwort: ein klares Nein. Denn die Qualität der Betreuung, nicht das Geschlecht und auch nicht das Verwandtschaftsverhältnis der betreuenden Person, ist entscheidend. Ein schlechtes Gewissen ist hier fehl am Platz. Natürlich liegt die Verantwortung bei den Eltern und beide sollten sich aktiv an der Entwicklung ihrer Kinder beteiligen. Doch darüber hinaus können weitere Personen eine mindestens genauso wichtige Rolle einnehmen und somit lassen sich die Aufgaben auf mehrere Schultern aufteilen.

Dieses Kapitel soll Mut machen, die Doppelrolle anzunehmen und zu gestalten. Es ist möglich, gleichzeitig im Beruf und in der Familie erfolgreich und erfüllt zu sein. Die traditionelle Vorstellung, dass die Mutter in den ersten Jahren möglichst viel zu Hause sein soll, war in unserer Familie glücklicherweise nicht vorhanden oder wurde von mir gegebenenfalls im Keim erstickt. Mein Mann nahm zwei Monate Elternzeit, und wir kümmerten uns früh um eine adäquate Kinderbetreuung. Die erste Wahl fiel auf eine Kinderfrau, die zu uns nach Hause kam. So hatten die Kinder ihr gewohntes Umfeld und eine Bezugsperson, die uns als Eltern in Sachen Erziehung und Entwicklung in nichts nachstand.

Glückliche Mama – glückliche Kinder!

Natürlich war dennoch nicht immer alles einfach – aber ist es das denn, wenn man Vollzeit zu Hause ist? Das Modell zeigt zum einen, dass beide Elternteile in der Entwicklung ihrer Kinder eine aktive Rolle spielen können und meiner Meinung nach auch sollen, und zum anderen, dass auch Dritte einen relevanten und verlässlichen Part einnehmen können. Dabei ist es egal, ob wir von einer Kinderfrau, Tagesmutter, Kita, Freunden oder Großeltern sprechen. Wichtig ist, dass der Ansatz zur eigenen Lebenssituation und den persönlichen Vorstellungen passt. Und ja, es ist nicht selbstverständlich und wirklich nicht immer einfach, diese Person oder Betreuung zu finden, aber der Einsatz, sie doch zu finden, war für mich das allerbeste Investment in Mühe, Geld und Zeit in der Baby- und Kleinkindphase meiner Söhne.

Fragt mich hin und wieder mal jemand skeptisch oder gar vorwurfsvoll, wie egoistisch ich meinem Karriereweg folgen würde oder warum ich mich überhaupt für Kinder entschieden hätte, kann ich mittlerweile nur müde lächeln und sagen: glückliche Mama – glückliche Kinder.

Die Mental-Load-Falle – mach aus dem Schreckgespenst einen Partner auf Augenhöhe!

Bis dann wieder einer dieser Tage kommt: morgens schon die Klamottenfrage, »das ist nicht cool, das passt nicht«, ich dachte immer, das sei vor allem ein Mädchen-Ding, aber das ist bei meinen Söhnen auch so. Schnell die Brotzeit gerichtet und nebenbei den Einkaufszettel vervollständigt, kalten Kaffee zwischendurch und Abstimmung, wer nach dem Sportprogramm am Nachmittag noch welchen Freund besuchen darf. Ach so, die Nachmittagsbetreuung schließt mal wieder drei Stunden früher wegen Personalmangel oder Lehrerfortbildung – erfahre ich morgens um sieben Uhr für denselben Tag –, dann also schnell noch Termine ändern und das Einkaufen auf Online um Mitternacht verlegen – leider schließen hierzulande die Supermärkte schon um 20 Uhr. Gut, dann nur noch das Geschenk für den Kindergeburtstag am Wochenende organisieren und halt: Es müssen noch neue Schuhe her. Ein Paar Sneaker reicht nicht aus bei den akuten Play-and-Dirt-Eskapaden. Das andere Paar ist nach nur drei Monaten schon wieder zu klein. Habe ich noch was vergessen? Ach ja, das Arbeiten zwischen sechs und zehn Stunden pro Tag und die Me-Time –

Joggen und Natur sind Pflichtprogramm für mich. Anders würde ich das Pensum niemals überleben, schon gar nicht gut gelaunt.

Das, was hier zusammenkommt, nennt man, seit der Begriff in den 1970er-Jahren das erste Mal aufkam: *Mental Load*. Die US-Autorin Anne Tyler verwendete ihn damals in ihrem Essay »Still just writing«, in dem sie die Schwierigkeiten beschreibt, im Familienalltag Zeit für ihre schriftstellerischen Tätigkeiten zu finden. Allgemein definiert die Equal-Care-Day-Initiative Mental Load so:

> »*Mental Load bezeichnet die Last der alltäglichen, unsichtbaren Verantwortung für das Organisieren von Haushalt und Familie im Privaten, das Koordinieren und Vermitteln in Teams im beruflichen Kontext sowie die Beziehungspflege und das Auffangen der Bedürfnisse und Befindlichkeiten aller Beteiligten in beiden Bereichen.*«[51]

Alltäglicher Wahnsinn oder eine der schönsten Herausforderungen?

Ich frage mich schon seit einigen Jahren, seit mir damals der Begriff Mental Load immer häufiger zu Ohren kam, was ich davon halten soll. Mittlerweile bin ich überzeugt, dass Mental Load in dieser Doppelrolle einfach vorhanden ist. Außerdem verstehe ich, dass er für jede:n eine echte Herausforderung und sicherlich auch gesundheitliche Gefahr bedeuten kann. Wie bei so vielen Dingen ist es existenziell, eine Lösung zu finden, um aus der Mental-Load-Falle zurück in die eigene Balance zu finden. Hier gibt es auch kein Schönreden. Jeder Mensch hat eine andere Energie, andere Voraussetzungen und eine individuelle Lebenssituation. Also bitte aufpassen! Am besten, bevor der Mental Load ins Negative kippt.

Sofern der Mental Load in einem gut tragbaren Ausmaß verharrt, tut es mir dennoch gut, mich gelegentlich zu erinnern, dass ich mich bewusst entschieden habe, gleichzeitig Mama sein und Karriere machen zu wollen. Die bunte Vielfalt und die damit verbundene »Last« im Alltag ist zugleich Teil einer der schönsten Aufgaben im Leben. Ich habe mich selbst schon oft sagen gehört: Kinder sind im Vergleich zur Arbeit die größte Herausforderung, aber auch die schönste. Dabei bleibe ich – zumindest unter der Voraussetzung, dass keine schlimmen Faktoren, wie ernsthafte Erkrankungen oder sonstige Dramen, das Leben komplett auf den Kopf stellen. Toi, toi, toi.

Solche Tage wie eingangs beschrieben können stressen und nerven, keine Frage. Doch sie sind zugleich regelbar. Gerade uns Frauen sind gewisse Dinge wie Multitasking- oder Kommunikationsfähigkeiten sowie emotionale Intelligenz evolutionär etwas stärker gegeben als den Männern, was uns in der Mutterrolle helfen kann. Konkret beginnt das beim Abspeichern aktueller Schuh- und Kleidergrößen, geht über die Durch- und Umplanung des Wochenalltags aufgrund ungeplanter Betreuungsausfälle oder Krankheit, und reicht bis zu dem Aushalten oder Besprechen von Launen des engsten Umfelds. Diese vermeintlichen Stärken bergen zugleich das Risiko, dass wir wiederum mehr übernehmen und der Druck dadurch ansteigt. Was ich für mich jedenfalls festgestellt habe, ist:

■ Das meiste lässt sich regeln, und wenn nicht, stehe ich mir im Nachhinein betrachtet manchmal selbst im Weg. Frage dich in so einem Moment zum Beispiel, was dich selbst heute schon geärgert oder gestresst hat. Reagierst du deswegen möglicherweise auf die Kinder oder den Partner gereizter als normal? Oft ist dem so und mit dem Bewusstsein dafür lässt sich die Energie neu kanalisieren oder der Stress umleiten.

- Immer mehr Väter tragen heutzutage die vielen Aufgaben einer Familie. Sie kennen sich mit den Alltagspflichten bestens aus und kompensieren unerwartete Überraschungen wunderbar. Bei dir noch nicht? Dann habe ich zwei Fragen, die zu echten Gamechangern werden können: Erstens, habt ihr schon mal konkret über eine Aufgabenverteilung gesprochen? Und zweitens, wenn er an der Reihe ist, lässt du ihn auch in seinem Sinne agieren und entscheiden oder versuchst du ihm den Weg vorzugeben – bewusst oder unbewusst? Wenn ja, dann lass ihn mal machen, es wird schon laufen und du kannst einen Teil der Last abgeben.

Mental Load im Job

Im beruflichen Umfeld – als Mama, die eine verantwortungsvolle (Führungs-)Rolle innehat (sicherlich auch für andere zutreffend, aber wir bleiben hier beim ManagerMama-Fokus) – prasseln neben den familiären Themen täglich berufliche Anforderungen auf uns ein, die zu Druck und Stress führen können, unter anderem

- Termindruck,
- Verantwortung für das Team, Projekte oder Ergebnisse,
- Überstunden,
- Dauer-Online-Präsenz,
- persönlich unpassende Unternehmenskultur.

Als Frau mit hoher beruflicher Verantwortung und Mutter ist der Spagat zwischen Karriere und Familienleben immer eine gewisse Herausforderung. Wird diese Herausforderung zu Stress, der mit beiden Rollen einhergeht, kann er einen erheblichen Einfluss auf die mentale Gesundheit haben. Darum kann man gar nicht früh genug Ausgleichsstrategien in den Alltag integrieren, um gesund und positiv gestimmt zu bleiben.

Als Prävention für eine starke mentale Gesundheit gilt es unter anderem folgende Herausforderungen zu lösen:

1. **Zeitmanagement:** Die Doppelbelastung als Managerin und Mutter erfordert ein effektives Zeitmanagement. Die Anforderungen des Jobs und die Bedürfnisse der Kinder geraten leicht in Konflikt. Der ständige Druck, beiden Rollen gerecht zu werden, kann zu einem Gefühl der Überforderung führen.

2. **Schuldgefühle:** Viele Managerinnen fühlen sich schuldig, wenn sie ihre Zeit zwischen Arbeit und Familie aufteilen müssen. Das Bedürfnis, an beiden Fronten perfekt zu sein, kann zu einem ständigen Gefühl der Unzulänglichkeit führen. Denk doch andersherum: Deine Kinder sind so glücklich, wie du selbst es bist – wenn du also beides willst, dann tu es voller Leidenschaft: managen und Quality Time mit deinen Kindern verbringen, und schon fühlt es sich viel leichter an.

3. **Soziale Unterstützung:** Managerinnen haben manchmal Schwierigkeiten, ausreichend soziale Unterstützung zu erhalten, da sie oft sehr beschäftigt sind und es schwierig sein kann, sich Zeit für soziale Kontakte zu nehmen. Zwar ist das soziale Gefüge wichtig für die mentale Gesundheit, aber der Tag hat trotzdem nur 24 Stunden. Eine wunderbare Nanny oder ein Sportverein mit den Kindern (so kommt idealerweise gleich jeder in Bewegung) kann hier eine Lösung sein.

Bewährte Strategien zur Förderung der mentalen Gesundheit sind beispielsweise:

1. **Druck teilen:** Ruf eine Freundin, deine Schwester oder Mama an und mach nicht alles mit dir selbst aus! Es kann so gut-tun, einfach zu erzählen, was gerade los ist, oder sich im wahrsten Sinne mal auszuweinen.

2. **Selbstfürsorge priorisieren:** Es ist wichtig, sich selbst an die erste Stelle zu setzen und Zeit für Entspannung und Erholung einzuplanen. »Dafür habe ich keine Zeit«, ist eine Ausrede. Zehn bis 15 Minuten gehen jeden Tag, in der Regel sogar ein bis zwei Stunden pro Woche. Nutze die Zeit für Hobbys, Sport oder einfach nur, um ganz bei dir zu sein.

3. **Unterstützung suchen:** Es ist entscheidend, sich ein starkes Unterstützungsnetzwerk aufzubauen. Das kann aus Freun-den, Familie oder anderen Müttern bestehen oder aus Manager:innen, die ähnliche Herausforderungen meistern. Auch das Teilen von Aufgaben und Verantwortlichkeiten mit dem Partner oder anderen Familienmitgliedern kann helfen.

4. **Flexibilität im Beruf:** Das Streben nach Balance erfordert oft Flexibilität seitens des Arbeitgebers. Offene Kommunikation und das Erkunden von Möglichkeiten wie Teilzeitbeschäfti-gung, Homeoffice oder flexiblen Arbeitszeiten können den Druck verringern. Fragen kostet schließlich nichts.

5. **Stressbewältigungstechniken anwenden:** Techniken wie Meditation, Atemübungen und Achtsamkeitstraining helfen, Stress abzubauen und die mentale Gesundheit zu stärken. Es lohnt sich, sie in den Alltag zu integrieren, um Momente der Ruhe und Entspannung zu schaffen.

Was vielleicht immer noch überschaubar bis harmlos klingt – vor allem für starke Frauen –, rückt eine Forsa-Umfrage aus dem Jahr 2023 in ein durchaus bedenkliches Licht: Sie besagt, dass sich 62 Prozent der Eltern minderjähriger Kinder gestresst fühlen. Fast 70 Prozent davon leiden demnach unter Erschöpfungszuständen oder Burnout.[52] Bei Müttern wird bei gewissen Symptomatiken häufig auch vom Mütter-Burnout gesprochen. Dabei sei zu beachten, dass psychische Erkrankungen in den letzten Jahren immer häufiger diagnostiziert werden.

Umso wichtiger ist es, auf Warnsignale zu achten, wie »etwa das Unvermögen, richtig abzuschalten, Schlaflosigkeit, innere Unruhe, Panikzustände, erhöhte Reizbarkeit, chronische Müdigkeit, angespannte Muskulatur, Gleichgültigkeit, aufdringliche Gedanken und innere Abwertung«, beschreibt die Berliner Burnout-Coachin Wairimu Scheppelmann[53]. Diese Symptome stellen sich nicht über Nacht ein, sondern seien oft ein schleichender Prozess, der sich über Jahre strecken kann. »Je früher sich Frauen Unterstützung holen, desto besser kann ein Burnout aufgefangen oder sogar verhindert werden. Wir haben es hier mit einem Krankheitsbild zu tun, welches nicht zu unterschätzen ist, denn es betrifft letztendlich die ganze Familie.« Was Wairimu Scheppelmann ebenfalls betont, kann ich meinerseits nur unterstreichen: Wir müssen uns zu keiner Zeit rechtfertigen und schon gar nicht für Emotionen schämen. Auch hier ist das Stichwort Unterstützung oder Hilfe suchen kein Zeichen von Schwäche, sondern vielmehr klug und der einzig richtige Weg.

Vor diesem Hintergrund möchte ich jede:n Leser:in motivieren: Mach aus dem Schreckgespenst Mental Load einen Partner auf Augenhöhe. Lass die Anforderungen aus der Kombination von Familie und Beruf dich nicht übermannen. Zieh die Handbremse, bevor es zu spät ist. Und denk dran: Einen erheblichen Teil macht die Einstellung zu dem aus, was wir tagtäglich bewältigen dürfen.

Dabei gilt es noch einmal zu betonen, dass sich die Rollenverteilung und die Wahrnehmung von Mental Load in den letzten Jahren verändert haben und immer vielfältiger werden. Väter nehmen zunehmend aktivere Rollen im Familienleben ein und teilen die Verantwortung für die Organisation des Alltags mit den Müttern.

Dennoch besteht immer noch eine Diskrepanz zwischen den mentalen Lasten, die beide Elternteile tragen. Nachgewiesen ist, dass Väter im Durchschnitt weniger mentale Last empfinden.[54] Umso wichtiger ist es, dass auch diese davon wissen und entsprechend mehr mit anpacken sowie Türen für Mütter in Führungsrollen öffnen oder offenhalten.

Laura Inga Gaida ist Business Psychologist, Mindfulness Teacher, Founder von MENTAL HEALTH & HAPPINESS und Mutter von zwei Kindern im Alter von sechs Jahren. Im Gespräch beschreibt sie eindrücklich, dass ihr Weg als Mutter in Führung ständig von Unbeständigkeit geprägt sei. Sie sagt:

»Eine achtsame Haltung und das bewusste Überprüfen der Ist-Situation ist für mich von großer Wichtigkeit. Erst durch gelebte Achtsamkeit ist es mir möglich, innere Bedürfnisse und äußere Bedingungen wahrzunehmen und meine Führungsqualitäten situativ anzupassen. Auch eine Veränderung in den Verhältnissen erfordert immer wieder eine Anpassung meiner Rollen, weil neue berufliche oder private Anforderungen an mich gestellt werden. Ich bin der Meinung, dass der Weg erst mal kein Ende hat und wir immer wieder neu justieren dürfen.«

Um ihre Doppelrolle als ManagerMama bestmöglich erfüllen zu können, setzt Laura Gaida auf ihre regelmäßige Achtsamkeitspraxis:

»Morgens zu meditieren, lässt mich entspannter und gelassener in den Tag starten. Der Geist bleibt ruhiger, weil es nicht sofort von null auf

hundert losgeht. Die Gedanken dürfen sich erst mal sortieren. Ich bleibe ganz im Hier und Jetzt. An dieses wohltuende Innehalten erinnere ich mich auch im Laufe des Tages immer wieder und gönne mir bewusst kleine stille Pausen nur für mich. Diese aufmerksame Haltung sorgt auch dafür, dass ich meine eigenen Bedürfnisse wahrnehme und dadurch erkenne, was ich gerade brauche, um die Herausforderungen des Tages besser meistern zu können. Und das wiederum ist die Basis für eine starke mentale Gesundheit, die mich darin unterstützt, den Spagat in der Doppelrolle als Managerin und Mutter als Training und nicht als Belastung zu sehen.«

Dem in unserer Zeit hochrelevanten Thema Mental Load widmet sich in aller Ausführlichkeit Dr. Maria Bergler, Executive Coach und Beraterin sowie McKinsey-Alumni in ihrem Buch »30 Minuten Mental Load meistern«[55]. Eine persönliche Empfehlung für alle Manager-Mamas.

Die Kunst der ManagerMama – Herausforderungen meistern und überraschende Lösungen finden

Als ManagerMama stehe ich täglich vor einer Vielzahl von Herausforderungen, die sich nicht selten unvorhersehbar ergeben. Sie fordern mich auf, meinen ohnehin vollen Terminkalender zu verlängern, in völligem Neuland aktiv zu werden und eine unermessliche Portion Coolness an den Tag zu legen. Wie ist das genau in diesen Momenten möglich? Es braucht einen starken Mix aus Organisationstalent, Kreativität und ganz besonders Pragmatismus. Und oftmals sind es die unkonventionellen Lösungen, die nicht nur meiner Familie zugutekommen, sondern mich parallel meine beruflichen Verpflichtungen bewältigen lassen.

Bevor ich euch einige Szenarien mit passenden Lösungsvorschlägen vorstellen möchte, sei gesagt: Diese unvorhersehbaren Momente findet keiner toll. Doch sie lassen sich nicht einfach abstellen. Wenn es einem guttut, darf sich jede:r darüber bei der richtigen Person – zum Beispiel dem Partner, der eigenen Mama, der Freundin oder Kollegin – auch mal auslassen. Danach geht es aber weiter und um die beste Lösung für alle. Nur so ist der Moment schnellstmöglich wieder vorbei und wir bündeln unsere verbleibende Energie für das, was uns ganz viel Freude macht.

Einer meiner Lieblingstricks im Alltag: die 15-Minuten-Regel. Wenn etwas Unvorhergesehenes passiert, nehme ich mir 15 Minuten Zeit, um die Situation zu bewerten und zu entscheiden, welcher Plan als Nächstes in Aktion tritt. Diese kurze Pause hilft mir, überlegt statt hektisch und vielleicht voreilig zu reagieren.

Und nun stelle ich euch drei Szenarien vor, die den meisten, die schon Mama sind, bekannt vorkommen dürften. In diesen Situationen tendieren wir dazu, immer gleich zu reagieren. Doch vielleicht gibt es Alternativen, die es sich einmal auszuprobieren lohnt, um das Beste aus dem Moment zu machen.

Szenario 1: Kind krank und nun?

Der Klassiker unter den Alltagssorgen jeder Mutter. Dein Kind wacht morgens krank auf und du hast einen wichtigen Termin im Büro, den du nicht verschieben kannst. Aber bevor du jetzt unnötig Stress aufkommen lässt, hier einige erprobte Ansätze:

1. **Der AirPod-Tag:** Kind im Kinderwagenalter krank? Dann ist es Zeit für ein paar Vorbereitungen: alle wichtigen Meetings in Telefonate umwandeln (lassen), AirPods nochmal laden, etwas zu trinken und zu knabbern einpacken und ab nach draußen. Spazieren tut der Gesundheit gut, fördert die Kreativität und ermöglicht es, deinem Kind etwas Gutes (viel Schlaf und Frischluft) zu tun. So kannst du deine wichtigsten Termine trotzdem in Ruhe wahrnehmen. Außerdem: Alles, was warten kann, absagen! Denn es hilft keinem, hier durchzuziehen, wenn beide Seiten – Kind und Arbeit – nur halb bedient werden. Nebenbei gibt es keinen Grund für ein schlechtes Gewissen, denn auch wir Erwachsenen sind manchmal krank und melden uns dann in der Arbeit ab.

2. **Die Wunderbox als Allzweckwaffe:** Bei etwas älteren Kindern (drei bis zehn Jahre), die sich nicht mehr den halben Tag nur gesund schlafen, zieht die Wunderbox. Darin befinden sich Puzzle, Malvorlagen oder Bausätze, die sie noch nie gesehen haben oder die nur in besonderen Momenten auftauchen. Bei uns wirkt das immer wieder wundervoll. Die Kleinen sind damit erst einmal einige Zeit beschäftigt und es findet sich Zeit, um zu delegieren und zu meeten, was unaufschiebbar erscheint. Wichtig: Nach dem Einsatz verschwindet die Wunderbox wieder.

3. **Netzwerk von Elternkolleg:innen:** In vielen Unternehmen gibt es Eltern, die sich in ähnlichen Situationen befinden. So bist du nicht nur gerettet, sondern sogar die Queen: Organisiere ein Netzwerk von Elternkolleg:innen, die bereit sind, sich abwechselnd um kranke Kinder zu kümmern, wenn nötig. Hier braucht es meist nur einen Initialzünder, dann sind Eltern und Kolleg:innen plötzlich sehr dankbar. Ich habe das von einer Freundin gehört, eine Alternative dazu aber selbst erlebt: ein Eltern-Kind-Büro. Das ist ein Meetingraum im Unternehmen, in dem ich arbeiten, meeten und bei Bedarf Vor-Ort-Termine wahrnehmen kann, während

das Kind im Hintergrund spielt, schläft oder aufmerksam zuhört. Unterbrechungen sind dabei zwar bisweilen ein Teil des Modells, doch sehen das glücklicherweise die meisten Kolleg:innen und Partner:innen deutlich entspannter, als man anfangs denkt. Anderenfalls hilft auch mal ein lockerer Spruch wie »Das gleicht die zehn Minuten aus, die wir eh wieder überziehen« oder »Es gab doch sowieso gerade den Wunsch nach einer Kaffeepause, oder?«.

4. **Das Homeoffice als Rettungsanker:** Nicht mehr so neu, wenngleich nicht in allen Branchen und Jobs möglich: das Homeoffice. In großen Teilen sind wir in einer digitalen Welt zu Hause und hier darf von zu Hause aus zu arbeiten keine Besonderheit mehr sein, schon gar nicht in Notsituationen. Nutze diese Möglichkeit, um deine Arbeit zu erledigen, während du gleichzeitig für dein krankes Kind da bist. Ein schlechtes Gewissen ist hier fehl am Platz – übrigens genauso wie die Idee, einen normalen Arbeitsalltag durchzuziehen. Ich nehme an solchen Tagen, wenn irgendwie möglich, die wichtigsten Meetings wahr und sage alles andere ab – aus dem absolut ehrlichen Grund »Kind krank«, denn meine Kinder gehen vor. Außerdem macht es keine Seite glücklich, parallel für die Kleinsten da zu sein und konzentriert durchzuarbeiten.

5. **Bildung in der »Krise«:** Statt den Krankheitstag als Verlust anzusehen, nutze ich die Zeit auch manches Mal, um entspannt eine Bildungseinheit einzubauen. Ob Mittagsschlaf, Zeit mit der Tonie-Box oder ein Filmchen zum Relaxen, da sagt kaum ein Kind Nein. Wenn sie krank sind, erst recht nicht, weil sich viele sowieso kaum von der Couch wegbewegen. Dann stehen Dokumentationen wie Terra X oder Checker Tobi bei uns hoch im Kurs. Und jetzt Achtung: Dabei lernen selbst Erwachsene noch so einiges oder ich nutze die Zeit und lese nebenher, was schon

lange auf dem Lesestapel auf mich wartet. Wenn ich selbst eine Pause einlege, lesen wir viel gemeinsam oder ich erkläre ein wissenschaftliches Experiment (wenn sie schon wieder fitter sind) und sie beschäftigen sich anschließend neugierig mit der Ausführung. Ein Krankheitstag kann somit ein Tag des Lernens sein und bietet nebenher Zeit, doch etwas zu arbeiten.

6. **Die klarste Lösung:** Sag einfach alles ab und sei komplett für dein Kind da! Das ist für beide Seiten die entspannteste Lösung und dahin sollten wir kommen: dass diese Momente kein Problem mehr sind. Weil wir alle Menschen sind und alle einmal Kinder waren und es manchmal einfach die Mama oder den Papa braucht. Dabei vergleiche ich die Momente gerne mit einem Plan für Krisenkommunikation. Viele Unternehmen haben einen solchen nicht, bis es irgendwann so weit ist und er wirklich fehlt. Mach dir also einen Krisenplan: Wie informiere ich meine Kund:innen, welche Kolleg:innen übernehmen in Momenten wie diesen, was darf liegen bleiben, was muss erledigt werden etc.? Starke Führungskräfte haben die Kraft, solche Tage innerhalb einer Power-Stunde umzuorganisieren.

Szenario 2: Meeting-Marathon, wer holt die Kinder aus Kita oder Schule ab?

Meetings sind ein fester Bestandteil des Managerlebens und manchmal dauern sie länger als erwartet. Doch auch hier gibt es clevere Lösungen:

1. **Kreative Pausenplanung:** Idealerweise plane ich meine Meetings so, dass sie nicht mit der üblichen Abholzeit kollidieren. Für das Abholen gibt es fixe Kalenderblocks. Das kann auch während einer verlängerten Mittagspause sein, um danach wieder an den

Arbeitsplatz zurückzukehren, sofern sowieso Hobbys oder Play-Dates anstehen. Das kann aber auch in Verbindung mit einer Sporteinheit sein, indem ich mir den Lauf oder die Radtour so lege, dass ich auf dem Hinweg mein Trainingstempo wähle und auf dem Heimweg mit den Kindern die frische Luft und Bewegung genieße. Oder es kann eine aktive Meetingphase sein, in der mein Team ein Thema weiterbearbeitet und ich im Anschluss wieder mit einsteige oder mich über die kreativen Ergebnisse freue. Das Geheimnis ist hier eine kreative und mehrdimensionale Planung.

2. **Flexible Kita-Optionen:** Hast du schon mal nachgefragt, ob die Kita deines Kindes eine flexible Abholzeit anbietet? Manche Kitas haben Verständnis für berufliche Verpflichtungen und ermöglichen es Eltern, ihre Kinder etwas später abzuholen. Wir hatten schon Situationen mit Stau auf der Heimfahrt, da war es bis heute nie ein Problem, dass jemand mal 15 bis 30 Minuten länger auf unsere Kinder aufpasst – solange es nicht zur Regel wird. Wichtig: Wenn ein Meeting überzogen wird, breche ich selbstverständlich ab mit dem unmissverständlichen Grund, meine Kinder abholen zu müssen. Das versteht einer nicht? Dann besprechen wir das gerne beim nächstmöglichen Kaffee noch mal persönlich.

3. **Kinderfreundliche Arbeitsräume:** Manche Unternehmen bieten eigene Spielräume, teilweise sogar mit Kinderbetreuung, für die Kleinen an. Wenn dein Arbeitgeber solch ein Angebot hat, könntest du in Erwägung ziehen, deine Kinder abzuholen und noch eine Weile dorthin mitzubringen, sofern du unerwartet länger im Büro bleiben musst. So sind sie in der Nähe und du nimmst dir unnötigen Druck.

4. **Kinderbetreuungs-Shuttle:** Bilde eine Gemeinschaft mit anderen Eltern aus Kita oder Schule und organisiere ein rollierendes Ab-

holsystem. Ein Elternteil kann mehrere Kinder abholen, deine bei dir vorbeibringen oder sie bei sich zu Hause betreuen, bis du vom Meeting zurück bist. Allein der ersparte Weg kann dir eine hilfreiche Stunde mehr Zeit bringen. Für Kinder ist das nebenbei eine gute Übung, selbstständig und flexibel zu werden.

Szenario 3: Plötzliche Überstunden und Elternabende

Manchmal wird man von unerwarteten Überstunden überrascht, während gleichzeitig der Elternabend stattfindet. Oder der Elternabend passt terminlich einfach nicht zu deinem Kalender. Hast du schon mal über folgende Optionen nachgedacht?

1. **Elternabend-Delegation:** Wenn du nicht in der Lage bist, zum Elternabend zu gehen, bitte einen anderen Elternteil, als deine Vertretung teilzunehmen und dir im Anschluss die wichtigsten Informationen mitzuteilen. Du könntest im Gegenzug an einem anderen Termin für diesen Elternteil einspringen. Was die Leute denken und reden? Das sollte uns mal weniger interessieren.

2. **Digitale Elternabende:** Erkundige dich, ob die Schule oder der Kindergarten digitale Elternabende anbietet. So kannst du von deinem Büro oder von zu Hause aus teilnehmen, ohne physisch anwesend zu sein. Gegebenenfalls biete an, bei der technischen Umsetzung zu unterstützen – ich bin sicher, es werden dir auch andere dankbar sein, sofern der Ton und vielleicht das Bild bei allen funktioniert.

3. **Bildung in den Alltag integrieren:** Wenn du persönlich einfach keine Zeit oder keine Alternative für den nächsten Elternabend findest, dann probiere es doch mal so: Nutze den Alltag, um mit deinem Kind die jeweils aktuellen Entwicklungs- und Bildungs-

themen zu integrieren und seine Fortschritte noch bewusster zu verfolgen. Das kann den Austausch mit Lehrer:innen und Erzieher:innen ergänzen und dir helfen, am Ball zu bleiben. So reicht auch mal ein individuelles Elterngespräch zu einem passenderen Zeitpunkt.

Die Kunst der ManagerMama besteht darin, ständig flexibel zu bleiben, nach innovativen Lösungen zu suchen und niemals aufzugeben. Es ist normal, dass hierbei Gegenwind aus verschiedenen Richtungen aufkommt, dass nicht jede Lösung immer funktioniert und du als Mama oft die Extrameile gehst. Das gehört dazu. Lass dir nur nicht einreden, dass du eine egoistische Mama seist oder die Kinder darunter leiden würden. Dafür gehst du deinen liebevollen Weg mit ihnen.

Was ich bei mir beobachte, ist, dass Momente, die sich sehr stressig anfühlen, meist auf meinen Stress und nicht auf die Kinder zurückzuführen sind. Hier lohnt es sich demnach, bei sich selbst einen Gang zurückzuschalten, damit die Balance und innere Gelassenheit für alle zurückkommt. Du kannst deine beruflichen Verpflichtungen erfüllen und gleichzeitig eine liebevolle und fürsorgliche Mutter sein, indem du kreative Wege findest, die beiden Welten miteinander zu verbinden. Es mag nicht immer einfach sein, aber es ist machbar. Und wer weiß, vielleicht inspirierst du auch andere Eltern mit deinen unkonventionellen Ansätzen? Ein »Das geht doch nicht« oder »Vergiss es« akzeptiere ich grundsätzlich erst, wenn ich alles versucht habe. Das ist eine Frage der Einstellung. Es hängt davon ab, wie sehr ich will, dass beide Rollen miteinander vereinbar sind.

6. Grundlagen für ManagerMamas

Entdecke die essenziellen Fähigkeiten und Strategien, die jede ManagerMama beherrschen sollte. Hier gibt es ein Rundum-Paket, das alles von der Notwendigkeit starker organisatorischer Fähigkeiten über die Bedeutung von Leidenschaft und Inspiration bis hin zu konkreten Tipps für den Alltag abdeckt. Lerne, wie erfolgreiche ManagerMamas durch ihre Rollen navigieren, welche Ressourcen sie nutzen und wie sie ihre Karrieren und ihr Familienleben erfolgreich managen. Dieses Kapitel bietet eine umfassende Betrachtung der Tools und Techniken, die notwendig sind, um in diesen beiden anspruchsvollen und oft widersprüchlichen Bereichen erfolgreich zu sein.

ManagerMama – eine Definition

Die schönste Doppelrolle der Welt

Wenn wir hier von ManagerMamas sprechen, dann geht es in erster Linie um Mütter in Führungsrollen oder mit klaren Karriereambitionen. Sie haben mindestens ein Kind zwischen Baby- oder Grundschulalter. Danach erhöht die Eigenständigkeit eines Teenagers, wenn auch andere Herausforderungen mit dem Alter folgen mögen, die Flexibilität und Zeitkomponente für Eltern spürbar. An dieser Stelle sind mir zwei Dinge wichtig zu erwähnen:

- Familie als Begriff umfasst alle Eltern-Kind-Gemeinschaften, das heißt Ehepaare, nichteheliche (gemischtgeschlechtliche) und gleichgeschlechtliche Lebensgemeinschaften sowie Alleinerziehende mit Kindern im Haushalt. Einbezogen sind – neben leiblichen Kindern – auch Stief-, Pflege- und Adoptivkinder ohne Altersbegrenzung. Damit besteht eine Familie immer aus zwei Generationen: Eltern / -teile und im Haushalt lebende Kinder.[56]

- Ausnahmesituationen, wie Phasen oder ein Leben mit ernsthaft erkrankten oder beeinträchtigten Kindern oder Angehörigen, können dazu führen, dass die Anforderungen und Wege von den in diesem Buch beschriebenen deutlich abweichen.

Die Doppelrolle als Mutter und Managerin fordert viele Frauen in ihrer beruflichen und familiären Entwicklung heraus. Diese Rolle umfasst die gleichzeitige Erfüllung von Verantwortlichkeiten und Erwartungen insbesondere als Mutter, Partnerin, Frau, Managerin, Kollegin und Vorbild.

Als ManagerMama begegnen uns folgende Schlüsselaspekte, die teils schon oben in Kapitel 5 erwähnt wurden:

1. **Familie:** Als Mutter trägt man – leider gibt es immer noch deutlich weniger Väter, die hier gleichwertig oder hauptsächlich übernehmen – den Großteil der Verantwortung für das Wohl und die Bedürfnisse der Kinder und der Familie im Ganzen. Das umfasst die Erziehung, Pflege und emotionale Unterstützung sowie die Organisation des Familienlebens.

2. **Berufliche Verantwortung:** Als Managerin oder Führungskraft hat man berufliche Pflichten, die die Planung, Organisation und Leitung von Teams, Projekten oder Abteilungen
umfassen können. Das wiederum erfordert in der Regel ein
hohes Maß an Engagement und Verantwortung.

3. **Zeitmanagement:** Eine der größten Herausforderungen
besteht darin, die begrenzte Zeit zwischen beruflichen und
familiären Verpflichtungen effizient zu managen. Das erfordert Organisationstalent und ausgefeilte Zeitmanagement-
fähigkeiten.

4. **Flexibilität:** Die Fähigkeit, flexibel auf unerwartete Ereignis-
se sowohl im familiären als auch im beruflichen Kontext zu
reagieren, ist entscheidend. Das kann bedeuten, kurzfristig
von der Arbeit abzusehen, um sich um ein krankes Kind zu
kümmern. Auf der anderen Seite lernen Kinder ebenso und
ohne Nachteile, dass ein spontanes SOS-Meeting die Spiel-
pläne ändern kann oder die Mama auch mal am Spielplatz
telefonieren muss.

5. **Unterstützungssystem:** Ein starkes Unterstützungsnetzwerk, sei es durch den Partner, die Familie, Freunde oder den
Arbeitgeber, ist entscheidend, um die Doppelrolle erfolgreich zu bewältigen.

6. **Selbstfürsorge:** In dieser Doppelrolle ist es wichtig, die
eigenen Bedürfnisse nicht aus den Augen zu verlieren.
Selbstfürsorge, Entspannung und gelegentliche Auszeiten
sind wesentlich, um langfristig erfolgreich zu sein.

7. **Gleichberechtigung und Chancengleichheit:** Die Herausforderungen, die mit der Doppelrolle einhergehen, betreffen
oft Frauen stärker als Männer. Daher ist es so wichtig, sich
für Gleichberechtigung und Chancengleichheit am Arbeitsplatz und in der Gesellschaft einzusetzen, um die Balance
zwischen diesen Rollen zu erleichtern.

Die Doppelrolle als Mutter und Managerin kann äußerst anspruchsvoll sein. Gleichzeitig, dabei bleibe ich, ist sie die schönste Doppelrolle der Welt. Denn sie eröffnet die Möglichkeit, sowohl berufliche Erfüllung als auch das Familienglück parallel zu erleben. Dabei erfordert die erfolgreiche Ausführung dieser Rolle Planung, Organisation, Unterstützung und die Fähigkeit, Prioritäten zu setzen. Oder, wie ich immer wieder betone, sie ist eine Frage des Wollens und der Organisation.

Eine Frage des Wollens und der Organisation

An dieser Stelle sollen keine weiteren Stereotype entstehen, doch braucht es eine gewisse Grundlage, von der wir in der Diskussion ausgehen. Es macht beispielsweise einen gehörigen Unterschied, ob die Großeltern um die Ecke wohnen oder wie bei uns 250 Kilometer entfernt, sodass kein alltägliches Aushelfen möglich ist. Auch die Tatsache, ob ich in einer Partnerschaft auf Augenhöhe das Modell angehe, beide anspruchsvolle Jobs haben oder gegebenenfalls der Vater den Hauptteil der Care-Arbeit für die Kleinen übernimmt, beeinflusst das individuelle Konstrukt. Alleinerziehende oder Paare mit Wechselmodell verhalten sich in gewissen Aspekten wiederum anders. So ist in letzteren Fällen die Bedeutung der Kinderbetreuung außerhalb des Kindergartens oder der Schulzeiten noch wichtiger als beispielweise in einem Mehrgenerationenhaushalt an einem Ort.

Doch für alle Szenarien gilt aus meiner Sicht ein zentrales Credo, das mir zahlreiche Mütter in Führungspositionen bestätigen: ManagerMama zu sein, ist eine Frage des Wollens und der Organisation.

Leidenschaft und Inspiration

Die ultimative Kraftquelle und die selbstlose Multiplikation

Hast du dich schon mal gefragt, warum ein Skitourengeher einen 3000 Meter hohen Berg mit hohem Kraftaufwand und unter nicht zu verachtenden Risiken besteigt, um sich schließlich bei einer anstrengenden Tiefschneeabfahrt einem noch höheren Risiko im freien Gelände auszusetzen? Oder: Warum Menschen Stunden im strömenden Regen verbringen, um sich schließlich in der ersten Reihe einer komplett überfüllten Eventhalle von Tony Robbins Neues oder gar nur Halbneues zum neurolinguistischen Programmieren erzählen zu lassen – nebenbei für ein irres Eintrittsgeld? Warum arbeiten manche Menschen hart und fokussiert rund um die Uhr und es fühlt sich doch nicht wie Arbeit an? Dinge wie diese entstehen, wenn jemand für eine Sache brennt. Wenn Leidenschaft und Inspiration zuschlagen. Bestimmte Antriebsquellen tragen dich durch etwas, das dich erfüllt, dir Spaß macht oder einen Sinn für dich ergibt, egal wie steinig der Weg auch wirken mag. Und das Beste vorweg: Wenn Leidenschaft dein Begleiter ist, kommt der Erfolg von allein hinterher.

Heutzutage gibt es viele Menschen, die sich mit den Auswirkungen von Glück, Motivation oder Freude auf unsere Leistungsfähigkeit, aber auch auf unser Wohlbefinden beschäftigen. Positive Psychologie, Motivationscoaching oder Inspirational Leadership sind Bereiche, die zu Performance über das normale Maß hinaus befähigen. Doch es muss gar nicht immer höher, weiter, schneller sein – allein die innere Einstellung und Achtsamkeit, dem zu folgen, was einen erfüllt, sich leicht und richtig anfühlt, ist eine gute, oft die beste Wahl. Als ManagerMama kann es kaum anders sein. Denn welche Mutter würde langfristig ihr geliebtes Kind den ganzen Tag in fremde Hände geben, wenn der Job nicht auf irgendeine Art erfüllend wäre und eine persönliche Leidenschaft dahintersteckt? Ja, es gibt sicher Ausnahmen.

Wahrscheinlich sogar einige. Aber wenn ich schon auf besonders wertvolle Zeit mit dem oder den eigenen Kindern verzichte – denn neben nervigen Quengeleien gibt es vor allem viele echte Goldmomente –, dann ist es doch umso erstrebenswerter, in einem Feld zu arbeiten, das mich wachsen lässt, das mir Energie und Wertschätzung zurückgibt und wofür ich wirklich brenne. Auch mit meinen süßen Babys zu Hause bin ich jeden Tag gerne zur Arbeit gegangen, bin fast täglich 40 Kilometer zwischen Tübingen und Stuttgart gependelt – mit Leichtigkeit. Die Kombination war genau mein Ding und ich hätte nichts missen wollen. Die Arbeit mit meinem Team und meinen Kolleg:innen war persönlich und beruflich eine Erfüllung. Das Heimkommen und meine Söhne zu sehen, war ebenso jeden Tag ein Highlight. Von Freunden, die den ganzen Tag mit ihren Kleinsten verbringen, habe ich das nicht so oft gehört wie bei uns. Vermutlich, weil mein Bewusstsein ein anderes war.

Natürlich drängt sich in dem Zusammenhang die Frage auf: Macht beruflicher Erfolg also glücklich? Studien bestätigen den umgekehrten Effekt: »Menschen, die sich gut fühlen und zufrieden sind, werden mit erhöhter Wahrscheinlichkeit erfolgreicher«, erläutert Dr. Melanie Hausler, Psychologin, in ihrem Buch »Glückliche Kängurus springen höher: Impulse aus Glücksforschung und Positiver Psychologie«[57]. »Glückliche Menschen können nachweislich besser und überzeugender führen, verhandeln geschickter, sind flexibler, kreativer und produktiver«, so die Psychologin. Großer Vorteil für Mütter und Eltern: In der Regel sind sie per se intrinsisch glücklich und stolz, Eltern zu sein, und erfüllen damit diese Voraussetzung für beruflichen Erfolg. Der Erfolg wiederum verstärkt das Wohlbefinden. Theoretisch also eine Gewinnerspirale.

Für das Glücklichsein ist es wichtig, die eigenen zentralen Stärken zu kennen.[58] Dies gelingt beispielsweise mit speziellen Stärkefragebögen, die mehr über das persönliche Potenzial verraten. Im ersten Schritt hilft es jedoch schon, sich bestimmte Fragen zu beantworten, wie zum Beispiel:

- Worauf bin ich stolz?
- Welche Tätigkeiten begeistern mich?
- Was bereitet mir Freude?

Wer hierzu noch etwas tiefer eintauchen will, dem kann ich mein absolutes Gamechanger-Buch empfehlen: »The Big Five for Life«[59] von John Strelecky. Ich habe das Buch mehrmals verschlungen und habe viel Zeit mit fundamentalen Gedanken, Stunden und Tage der Selbstreflexion sowie mit Gesprächen über mich verbracht. Ich habe meinen eigenen Zweck der Existenz formuliert. Mit dem Ergebnis, dass ich mich besser kennengelernt habe als je zuvor, mit einem klaren Plan, was ich will und was lieber nicht, mit dem Bewusstsein, was in mir das Feuer entfacht.

- **Mache dir deine Stärken bewusst und setze sie gezielt ein! Zum Beispiel mithilfe eines Stärkefragebogens und begleitet durch eine:n vertraute:n Sparringspartner:in.**
- **Folge deiner beruflichen Erfüllung, dem, wofür dein Herz brennt! Nutze dazu zum Beispiel Selbstreflexion, Meditation oder ein persönliches Coaching.**
- **Sei offen für neue Inspirationen. Nimm dir dafür bewusst Zeit und gehe offen durch den Tag.**
- **Bewahre dir Leichtigkeit in deinem Tun! Wenn sich etwas schwer anfühlt, ändere die Herangehensweise aktiv, und zwar sofort.**
- **Sei glücklich! Das Glück hat viel mit Achtsamkeit zu tun und vermehrt sich besonders gut, indem man es teilt. Finde deinen Weg, der *dich* glücklich macht.**

Nochmals möchte ich betonen, dass dieser erstrebenswerte Idealzustand nicht immer und in jeder Lebensphase realisierbar ist. Aber wenn ich weiß, was das »Ziel to go« ist oder wäre, und danach strebe, gibt es fast immer einen Weg dorthin. Verpass die Abzweigung nicht! Glücklichsein ist eine Entscheidung.

Interview mit Dr. Maria Bergler, Executive Beraterin und Coachin, Mc-Kinsey-Alumnae und Autorin

Wen könnte es vor dem Hintergrund von Leidenschaft und Inspiration Passenderes als Interviewpartnerin geben als Dr. Maria Bergler. Sie ist erfahrene Executive Beraterin und Coachin für Führungskräfte, Manager:innen und Unternehmer:innen. Maria hat damit ihr eigenes Business aufgebaut, nachdem sie viele Jahre bei McKinsey als Beraterin und später als Managerin im Bereich Personalentwicklung gearbeitet hat. Als Mutter von zwei Kindern im Altern von neun und zwölf Jahren kennt sie die Herausforderungen der Doppelrolle bestens. Trotzdem geht sie beiden Rollen täglich mit starker persönlicher Leidenschaft nach.

Ihre tägliche Arbeit basiert auf Inspirational Leadership und Zutrauen. In unserem Gespräch hörte und spürte man die Funken regelrecht sprühen. Mich interessierte bei Maria besonders ihre Einschätzung zum Einfluss von Leidenschaft und Inspiration auf das Leben und die Karriere von ManagerMamas. Ihre Perspektiven bieten eine wertvolle Ressource für Führungskräfte, insbesondere für berufstätige Mütter, die bestrebt sind, in beiden Rollen zu wachsen und zu glänzen.

Andrea: *Was bedeutet für dich Leidenschaft und Inspiration?*

Maria: In dem Wort Leidenschaft steckt das Wort »Leiden«. Daher ist für mich Leidenschaft eine Triebkraft, die aus einem inneren Schmerz oder Unbehagen entsteht, was zur Aktion motiviert. Leidenschaft bedeutet für mich, aktiv zu werden und für Veränderungen zu kämpfen, die man sich wünscht. Ein weiterer großer Begriff ist »Inspiration«. Er bedeutet für mich das Erleben oder Beobachten von etwas, das man selbst gerne tun würde, aber sich vielleicht noch nicht zutraut. Es geht darum, von den Handlungen oder Errungenschaften anderer beeindruckt zu sein und daraus Mut zu schöpfen. Dabei sind für mich vor allem Menschen, deren Handlungen und Erfahrungen Quelle der Inspiration. Aber auch Kunst, Musik oder Naturereignisse geben mir immer wieder wichtige inspirierende Impulse. Viel hat mit der eigenen Wahrnehmung von mir selbst in einem bestimmten Moment zu tun, um inspiriert zu werden.

Andrea: *Welche Rolle spielen Leidenschaft und Inspiration für dich im beruflichen Kontext?*

Maria: Als Executive Coach ist es meine Leidenschaft, Menschen in ihrer persönlichen und beruflichen Entwicklung zu unterstützen. Es macht mir wahnsinnig viel Freude und gibt mir sehr viel Energie, anderen zu helfen, ihre innere Stärke, Zutrauen und Klarheit zu finden und sich weiterzuentwickeln. Ich sehe das Leid in vielen Unternehmen: einsame Führungskräfte, die mit den Herausforderungen ständig wechselnder Gegebenheiten oft allein dastehen. Dieses Leid möchte ich mir nicht mehr anschauen, sondern Führungskräften zur Seite stehen und sie begleiten, diese Herausforderungen zu meistern. Außerdem bin ich überzeugt, dass es unserer Welt ein Stückchen besser ginge, wenn wir mehr glückliche Führungskräfte hätten. Denn das hat großen Einfluss auf unsere Beziehungen zu Menschen, daraus resultierende Ergebnisse bis in die eigenen Familien hinein.

Andrea: *Welche Rolle spielen Leidenschaft und Inspiration aus deiner Sicht explizit für ManagerMamas?*

Maria: Eine wichtige, denn der Trade-off ist einfach ein größerer. Die Doppelrolle als Managerin und Mutter stellt uns vor besondere Anforderungen. Leidenschaft und Inspiration sind essenziell, um in dieser Rolle nicht nur zu überleben, sondern auch zu blühen. Da Manager-Mamas weniger Zeit als Manager:innen ohne Kinder haben, muss es sich umso mehr für sie lohnen, die Zeit in den Job zu investieren. Sie werden also zur besten Version ihrer selbst vor allem bei einer Arbeit, die mit Leidenschaft erfüllt ist und Energie gibt statt nimmt. Deswegen ist es für sie wichtig, an einem Thema zu arbeiten, für das sie leidenschaftlich eintreten und worin sie wirksam werden. Menschen, die mit Leidenschaft arbeiten, sprühen vor Energie. Als Manager-Mama, einer Rolle, der an vielen Ecken und Enden viel Energie abverlangt wird, sollte demnach im Optimalfall der Beruf ganz besonders Energie geben statt nehmen. Leidenschaft ist hierzu ein wesentlicher Schlüssel.

Andrea: *In deinem Buch zum Thema »Mental Load meistern«[60] geht es unter anderem um den eigenen Energiehaushalt. Wie wirkt sich dieser bei ManagerMamas aus?*

Maria: Eine ManagerMama, die ihre Energie regelmäßig auftanken kann, schafft es dauerhaft, in der »Performance Zone« zu bleiben. Das ist eine Zone, in der die Energie hoch und zugleich positiv ist. Viele haben zwar eine hohe Energie, aber eine negative, gleichzusetzen mit einer Art Survival-Modus. Hier erkennt sich sicherlich die eine oder andere ManagerMama wieder. Die Kunst ist es dann, die Energie runterzufahren und wieder in einen positiven Spin zu transformieren, sprich wieder aufzutanken – sei es durch Naturerlebnisse, Sport oder Schlaf oder aber durch Leidenschaft, Inspiration oder Reflexion, um nur ein paar Beispiele zu nennen.

Andrea: *Welchen Zusammenhang haben Leidenschaft und Inspiration mit Glücklichsein für dich?*

Maria: Es gibt eine Harvard-Studie, die über 75 Jahre untersucht hat, welche Dinge Menschen glücklicher machen. Eines der Ergebnisse war, dass Beziehungen Menschen glücklicher machen. Leidenschaft und Inspiration sind dabei ein wesentlicher Bestandteil, wie wir Beziehungen führen, füreinander einstehen oder gemeinsam etwas für ein höheres Ziel verfolgen.

»Die Arbeit wird erfüllender durch Inspiration und Leidenschaft.«
Dr. Maria Bergler

Andrea: *Eines deiner Kernthemen ist Inspirational Leadership. Was steckt genau dahinter und inwiefern passt dieser Stil zu ManagerMamas?*

Maria: Einer inspirierenden Führungskraft gelingt es, Strukturen und Rollen in einem Unternehmen so zu schaffen, dass einzelne Personen darin wachsen und aufblühen. Sie baut eine Vertrauensbasis, die psychologische Sicherheit schafft für jedermann:frau, und entwickelt eine Perspektive, aus der heraus sich jede:r weiterentwickeln kann. Ein Inspirational Leader formuliert hohe Erwartungen und ist meist visionär unterwegs. Zugleich strahlt er oder sie Zuversicht für jede:n Einzelne:n aus, das auch selbst zu können, und lässt dabei dennoch niemanden allein. Ohne hier Beruf mit Familie gleichsetzen zu wollen, haben Mütter zu Hause dieselbe Aufgabe mit ihren Kindern: sie wachsen zu lassen und in der Pubertät schließlich ziehen zu lassen, basierend auf gemeinsamen Werten. Mütter lernen diese Form der Führung »on the go« tagtäglich. Der Mechanismus ist der gleiche wie bei Mitarbeitenden. Deswegen sind ManagerMamas aus meiner Sicht sogar besonders prädestiniert, inspirierende Führungskräfte sein zu können.

In jedem Fall lohnt es sich, bei der Arbeit auf Inspiration und Leidenschaft zu achten, aus einem ganz einfachen Grund: Weil die Arbeit dadurch erfüllender wird!

Andrea: *Welche Tipps hast du für unsere (angehenden) ManagerMamas?*

Maria: Nähre das »Feuer« der Leidenschaft kontinuierlich, um es am Brennen zu halten. Auch in stürmischen Zeiten sollte man darauf achten, die Flamme nicht erlöschen zu lassen. Stelle dir täglich die Frage: Was würde meinen Tag besonders machen? Es lohnt sich. Gehe raus und öffne dich für mögliche Zufälle, sei es das ungeplante Gespräch mit dem Nachbarn, ein Konzert oder ein Spaziergang in der Natur. Plane bewusst Zeit für den nicht alltäglichen Austausch mit Menschen oder für Unternehmungen privater und beruflicher Natur. Empfange so Inspiration durch überraschende Momente. Leidenschaft und Inspiration sind keine Selbstverständlichkeiten; sie erfordern bewusste Anstrengung und Pflege. Finde heraus, wie viel Inspiration und Leidenschaft du persönlich brauchst, um zufrieden zu sein. Es ist nie alles perfekt, sollte aber zu dir passen und dir Energie geben.

Andrea: *Letzte Frage: ManagerMama – Illusion oder Realität?*

Maria: Das ist klare Realität und machbar, wenn man es wirklich will.

■ ■ ■

Organisation, Freunde und Familie

Die essenzielle Grundlage und das beruhigende Rückgrat

Sonntagabend, die neue Woche steht bevor. Denken wir sie einmal durch, scheinen die To-dos kein Ende zu finden: Yoga-Morgenroutine, erster E-Mail-Check, Pausenbrote richten und ab in alle Himmelsrichtungen starten, Terminkalendercheck, Waschmaschine starten, Meeting-Marathon, einigermaßen gesundes Mittagessen für sich selbst, falls Zeit dafür bleibt, Taxi Mama zu Hobbys oder Freunden oder Rückrufe verpasster Anrufe, Abendessen vorbereiten, E-Mail-Posteingang final durcharbeiten, ein bisschen Me Time, Quality Time mit den Kindern und Abendroutinen, nach 20 Uhr ... tendenziell weitere Vorbereitungen beruflicher Art im Wechsel mit Sport, privaten To-dos. Aus meiner Erfahrung ist das nur ein kleiner Ausschnitt der Realität und jetzt kommt der Knackpunkt: Das muss alles organisiert sein, denn sonst gerät das Schiff schnell in Schieflage.

Ein Bild, das ich von mir sehr gut kenne: gefühlte 100 Bälle in der Luft. Dazu hin und wieder die Befürchtung, dass bald ein oder mehrere Bälle abstürzen könnten, und dann wieder die schiere Begeisterung, dass alle Bälle heiter weiterfliegen. Es kommt ganz auf die momentane Gesamtsituation an und darauf, ob man als ManagerMama überhaupt Zeit findet, darüber nachzudenken. Kommt dir das bekannt vor?

Wichtig ist, mit dem verbreiteten Glauben, Frauen seien die besseren Organisationstalente, aufzuräumen. Die Ausprägung dieser Kompetenz ist vielschichtig und betrifft Gebiete der Biologie, Kultur, Sozialisation sowie individuellen Erfahrung. So gibt es sowohl männliche als auch weibliche Organisationstalente. Und das ist gar nicht so verkehrt, denn als Eltern braucht es idealerweise auch Mutter und Vater, die sich und miteinander gut organisieren können. Davon können wir seit vielen Jahren ein Lied singen. Organisation ohne Kinder ist rückblickend auf die Zeit vor dem Elternsein ein echter Spaziergang.

Bekannt ist allerdings auch, dass insbesondere Mütter, die Arbeit und Familie jonglieren, aufgrund ihrer Erziehung als Mädchen und schließlich aus der Not heraus oft starke Organisationsfähigkeiten entwickeln. Die Notwendigkeit, die Bedürfnisse mehrerer Personen zu berücksichtigen, den Haushalt zu managen, Termine zu koordinieren usw., kann Mütter dazu bringen, ihre Organisationsfähigkeiten zu verfeinern.[61] Zweifelsohne ein unerlässlicher Alltagshack dabei: Habe auch bei der besten Organisation immer einen Plan B, C oder auch D in der Hinterhand.

Zusammengefasst lässt sich sagen, dass es zwar einige Unterschiede in den Organisationsfähigkeiten von Männern und Frauen gibt, aber diese oft nuanciert sind und nicht verallgemeinert werden können. Doch wie bereits erwähnt, kommt es bei beiden Elternteilen, gerade mit Kindern vom Baby- bis zum Teenageralter, auf eine belastbare, effiziente und vereinbare Organisationsfähigkeit an.

To-dos treffen Technologie, Kommunikation und Routinen

Die unzähligen To-dos bis hin zu Erwartungen aus dem persönlichen Umfeld sind zu orchestrieren und schließlich mit der bestmöglichen Unterstützung zu erledigen. Dazu zählen Personen, aber auch Tools, die das Leben deutlich erleichtern. Konkret halte ich besonders viel von folgenden Lösungen:

1. Priorisieren und Kontakte aufräumen

Zur Orchestrierung zählt das Priorisieren und Streichen von Aufgaben. Was ist wichtig, was dringend und was kann schlicht und ergreifend von der Liste gestrichen werden? Alles wird kaum möglich sein, daher ist es essenziell, die eigene Zeit und die Ressourcen darauf auszurichten, was dringend erledigt werden muss und was einem persönlich besonders wichtig ist. Klingt bekannt? Doch machst du es konsequent? Beispielsweise habe ich im engsten Kreis begonnen, zu überlegen, welche Kontakte ich ganz bewusst und regelmäßig pflegen möchte und welche gegebenenfalls schon länger einseitige Versuche sind, etwas Gewesenes aufrechtzuerhalten. Ähnliches funktioniert auch im beruflichen Netzwerk. Das heißt, es ist Clean-up-time!

2. Lückenlose Kalenderpflege

In der Arbeit ist ein gut gepflegter Kalender heutzutage eine Grundvoraussetzung. Branchenübergreifend, ob bei Ärzt:innen, Manager:innen bis hin zu Entwickler:innen, klare Terminierungen und Deadlines sind beruflich gesetzt. Als ManagerMama und ManagerPapa kommt eine Dimension dazu, die in keinem Kalender fehlen darf: Wann bringe und hole ich die Kinder zu beziehungsweise von Kita, Schule oder Hobbys ab? Wann ist der/die Partner:in in welchen Terminen fix eingebunden, sodass keine Doppelbelegung zu einem unschönen Überraschungsmoment führt wie »Wolltest du sie heute nicht abholen?«. Dazu braucht es klare Verantwortlichkeiten. Man könnte die To-dos jedes Mal individuell absprechen und sollte den persönlichen Dialog auch dringend beibehalten. Dennoch sagt meine Erfahrung: Ohne gemeinsamen Kalender in digitaler Form hätten wir kaum eine Chance. Digitaler Kalender ist also Voraussetzung eins.

Zweite Voraussetzung: Beide pflegen, synchronisieren und beachten den Kalender zu 100 Prozent. Gerade das Eintragen meiner terminlichen Verpflichtungen war lange Zeit nicht meine Stärke. Das ist aber wie bei so vielem eine Frage der Gewohnheit. Digitale Kalender wie Google Kalender, Microsoft Outlook oder Apple Calendar eignen sich, um sowohl berufliche als auch private Termine zu planen und miteinander zu teilen. Darüber hinaus gibt es extra Familienkalender-Apps wie Cozi oder Time-Tree. Nicht zu vergessen: Zeiten für familiäre Aktivitäten und Entspannung sowie Elternhobbys direkt mitblocken.

3. Das Orga-Glas Wein

Es kann der Wein sein oder etwas, das man sonst gerne mag, und dazu einmal pro Woche gemeinsame Planung der Folgewoche oder des ganzen nächsten Monats. Es lohnt sich definitiv, neben Kalender, Apps und Routinen im persönlichen Austausch zu bleiben. Jeder mit Kindern kennt es wahrscheinlich, dass die Kommunikation schon mal zu kurz kommt. Als verantwortliche Managerin und Mama ist das praktisch ein K.-o.-Kriterium. Kommunikation muss sein, damit die Organisation rund läuft. Am besten fest im Kalender verankern, zum Beispiel jeden Sonntagabend.

4. Routinen

Tägliche oder wöchentliche Routinen lassen die Tage runder laufen, auch wenn Pläne mit Kindern nicht so leicht einzuhalten sind wie ohne. Zum Beispiel: Morgens, bevor die Familie erwacht, kurz Mails checken. Dann die Kinder zur Schule bringen, danach zur Arbeit, nachmittags Kids Time samt Hobbys, Spielen und Lernen, abends Zeit für sich selbst oder den Partner. Lebensmittel einkaufen jede Woche montagnachmittags, Sport mindestens jeden Donnerstagabend und mindestens mit einer Freundin am Wochenende in Ruhe Kaffee trinken oder telefonieren. Wie ist das bei dir? Wo kannst du Routinen nachschärfen, wie viele Ausreden hast du regelmäßig parat? Ein kleiner Selbstcheck ist ein guter Anstoß, blinde Flecken mit Wohlgefühl zu füllen.

5. Delegieren und vorausplanen

Welche Aufgaben kann ich delegieren, sei es zu Hause oder bei der Arbeit? Gegebenenfalls sollte ich eine Haushaltshilfe oder einen Babysitter engagieren, insbesondere wenn die Verwandten wie bei mir für spontane Einsätze zu weit entfernt wohnen. Ich bin sogar der Meinung, dass es in Sachen Kinderbetreuung mehrere Optionen braucht, die jederzeit kontaktiert werden können – zwei, drei potenzielle Babysitter, Freunde, andere Eltern aus Kindergarten oder Schule. Das Abgeben ist ein Schlüssel, der bei ManagerMamas nicht fehlen darf und den ich – sollte es mir schwerfallen – mir aneignen sollte. Dasselbe gilt für das Delegieren von Aufgaben im Beruf an Mitarbeitende. Oder du folgst direkt der Steve-Jobs-Variante, der einmal sagte: »Es macht keinen Sinn, kluge Köpfe einzustellen und ihnen dann zu sagen, was sie zu tun haben. Wir stellen kluge Köpfe ein, damit sie uns sagen, was wir tun können.«[62] – So kann man es natürlich auch sehen, dennoch: Delegation als Managerin ist mehr als legitim!

Außerdem empfinde ich die Vorausplanung als sehr entlastend und effizient. Sei es privat das Vorausplanen von Mahlzeiten, Kleidungsfragen und diversen Aktivitäten, um Stress und Chaos zu vermeiden, oder beruflich die Organisation von Terminen inklusive Vor- und Nachbereitung, Events, Dienstreisen, Mitarbeitergesprächen, Fokuszeiten und so weiter.

6. Self-Care

Bleibt noch die wichtigste Disziplin: Zeit für sich selbst! Sei es ein kurzes Workout, ein Buch oder einfach nur Entspannung – die Zeit muss eingeplant werden, sonst schluckt sie die Doppelrolle garantiert. Das Minimalziel: mindestens einmal pro Woche Zeit nur für dich. Steht schon in deinem Kalender? Well done! Ansonsten sofort eintragen!

- Prioritäten setzen und Kontakte privater und beruflicher Natur sortieren und aufräumen
- Kalenderpflege beruflich und privat für die gesamte Familie als Grundvoraussetzung
- Das »Orga-Glas Wein« für persönliche Kommunikation und Organisationssicherheit
- Routinen einführen und einhalten
- Delegieren und vorausplanen
- Self-Care – mindestens ein fester Termin pro Woche nur für dich

Wichtig: Nicht alle Ratschläge funktionieren für jede:n. Ausprobieren und anpassen heißt die Devise, um herauszufinden, was für dich und deine Familie am besten funktioniert.

Die stillen Helden einer ManagerMama

Neben Karriere und Familie sind es einige Säulen, die uns tragen. Die uns diese Doppelrolle mit Energie und Leidenschaft überhaupt ermöglichen. Dabei spielen Freunde und Familie eine ganz wesentliche Rolle. Sie sind die stillen Helden, die für uns da sind, uns verstehen, uns pushen oder einfach nur zuhören. Sie sind diejenigen, die nicht alles verstehen müssen, was wir tun, aber uns loyal und unterstützend zur Seite stehen. Deswegen wäre es fatal, diese Beziehungen nicht zu schätzen und mit besonderer Sorgfalt zu pflegen. In der Phase, als meine zwei Babys waren, habe ich einfach nur funktioniert – das wussten viele und haben sich vorrangig bei mir gemeldet, Hilfe angeboten und zugehört, wenn ich mal Erwachsene zum Reden brauchte.

In der Kleinkind- und Kindergartenkind-Phase mischte sich das wieder stärker, unter anderem abhängig vom Alter der eigenen Kinder von Freunden oder Geschwistern. Je nachdem, wie gut das Gesamtpaket zusammenpasste, hörte oder sah man sich öfter oder seltener. Ab der Schulzeit nimmt die Selbstständigkeit der kleinen Großen unfassbar schnell zu. Dazu kommen die ersten Hobbys und Verabredungen – und gleichzeitig finden sich wieder neue Bekanntschaften mit anderen Eltern, die ebenso wichtig sind.

Doch egal in welcher Phase man sich befindet, Freunde und Familie sind die Säulen, die uns durch Täler und über Berge begleiten. Die uns auf besondere Weise ermöglichen, in der Doppelrolle zu funktionieren und zu wachsen. Gerade im letzten Jahr war ich neben der Familie extrem mit mir, meiner Selbstständigkeit beschäftigt. Zum Jahresanfang habe ich mir daher nur einen Vorsatz gesetzt: wieder mehr Zeit mit Freunden und Familie zu verbringen. Das soll die Bedeutung des erweiterten Bekanntenkreises und des beruflichen Netzwerkes nicht abwerten. Im Gegenteil: Glücklicherweise durfte ich auch schon im beruflichen Kontext wundervolle Menschen kennenlernen, zu denen sich ein eher freundschaftliches Verhältnis entwickelt hat. Und je nach Tiefe der Verbindung sind es eben die Freunde und die Familie, die langfristig und mit einem unersetzlichen Grundvertrauen an deiner Seite stehen.

Gerade Familie haben manche im selben Haus oder in der unmittelbaren Umgebung. Das macht das Leben sicherlich manchmal einfacher, vor allem, wenn die Kinder noch klein sind. Bei anderen wohnen die nächsten Verwandten hunderte von Kilometern oder gar Kontinente weit entfernt. Dann ist der Einsatz, wenn es zu Hause oder in der Arbeit brennt, nicht ohne Weiteres möglich. Doch es bleibt dabei: Wenn alle Stricke reißen, sind in aller Regel Familie und Freunde – ich ergänze mal, die wahren Freunde – diejenigen, die für dich da sind.

Interview mit Meike Limberg, Senior HR Director bei ResMed Germany

Zum Thema Organisation hatte ich im Rahmen des Buchprojektes die Ehre, mit einer erfahrenen ManagerMama über ihre Sicht sprechen zu dürfen. Meike Limberg ist zu 100 Prozent Senior HR Director bei ResMed in Deutschland – ein globales Gesundheitsunternehmen mit 1700 Mitarbeitenden deutschlandweit und weltweit über 10.000. Sie ist Mutter von zwei Kindern im Alter von neun und elf Jahren. Ihre Leichtigkeit und ihr positives Naturell sind aus meiner Sicht Voraussetzungen, die sie nicht nur beruflich, sondern insbesondere in der Doppelrolle als ManagerMama sehr erfolgreich machen. Meike reist beruflich viel durch die ganze Welt und hat unter anderem mit ihrer Familie anderthalb Jahre im Ausland verbracht. Ihre Einstellung zur Organisation und ihre Tipps, wie sich der Alltag in beiden Rollen besonders gut vereinbaren lässt, haben mich in unserem Interview besonders interessiert.

Andrea: *Welche Rolle spielt Organisation für dich als ManagerMama?*

Meike: Eine sehr große, weil ich glaube, dass man beide Hüte sonst nur sehr schwer miteinander in Einklang bringen kann. Mir fällt es leicht, weil ich von meinem Naturell aus sehr gerne plane und die Dinge in Struktur und Ordnung habe. Dennoch muss ich gestehen, wenn ich nicht alle zwei bis vier Wochen vorausschaue, wird es schwierig, Geschäftsreisen, die Interessen der Kinder, Kindergeburtstage nebenbei miteinander in Einklang zu bringen. Aus meiner Erfahrung sind Frauen mit Kindern im Job häufig deutlich strukturierter und organisierter, weil sie eben so viel miteinander in Einklang bringen müssen.

Andrea: *Hast du von der Zeit, als deine Kinder sehr klein waren, bis heute verschiedene Phasen der Organisation durchlaufen?*

Meike: Definitiv. Ich habe hier mehrere Iterationen durchlaufen. Als unsere Tochter geboren wurde, haben wir überlegt, ob das mit zwei Jobs überhaupt so weitergehen kann. Ich bin dann bereits nach sechs Wochen mit dem geringsten Stundensatz – damals 15 Stunden – zwei Tage pro Woche wieder eingestiegen. Warum? Aus Leidenschaft. Weil mir mein Job sehr viel gegeben hat und ich mir nicht vorstellen konnte, eine große Pause zu machen und weil ich einen Partner hatte, der das unterstützt hat, entgegen der kritischen Stimmen in unserem engeren Umfeld. Dabei hatten wir immer das Commitment, dass wir das Modell sofort anpassen, wenn es einem von uns – insbesondere unserer Tochter – dabei nicht gut gehen würde. Diese Flexibilität hat mir gutgetan und hieß auch nicht, dass gegebenenfalls nur ich mich anpassen hätte müssen. Dann habe ich schnell gemerkt, dass mir die 15 Stunden als Personalleiterin für die DACH-Region nicht gereicht haben, und habe schneller als geplant weiter aufgestockt. Allerdings bin ich in den ersten Jahren nie zurück auf Vollzeit gegangen, sondern habe maximal bis zu vier Tage pro Woche gearbeitet.

Beim zweiten Kind wiederum habe ich – wohlwissend, dass wir nicht mehr als zwei Kinder wollten – ein volles Jahr Elternzeit genommen. Ich habe mein Modell also angepasst, um noch mehr von meiner Tochter mitzubekommen und erst recht von meinem neugeborenen Sohn. Nach diesem Jahr bin ich wieder mit vier Tagen pro Woche eingestiegen. In Vollzeit bin ich erst wieder eingestiegen, als die Kinder beide in die Schule gingen.

Andrea: *Auf welche Lebensbereiche beziehst du Organisation?*

Meike: Natürlich auf alle möglichen, vom Privaten bis in den Beruf. Einer der ersten Bereiche, für den ich mir einmal pro Woche Unterstützung geholt habe, war der Haushalt. Außerdem haben wir als Paar eine klare Rollenteilung. Mein Mann ist zum Beispiel bei uns der »Kulturbeauftragte«. Er kümmert sich liebevoll darum, dass wir regelmäßig auf Konzerte oder ins Theater gehen oder andere schöne Dinge planen. Währenddessen konzentriere ich mich stark auf unseren Alltagsablauf, wie Logistik für Hobbys, Planung des nächsten Urlaubs – ein Special von mir ist, dass ich aus keinem Urlaub raus kann, ohne dass der nächste geplant ist, denn ich brauche diesen Ausblick.

Dazu kommen Freizeitaktivitäten ab Kindergarten- bzw. Schulalter. Hier hilft es uns sehr, dass wir uns mit Freunden und anderen Eltern die Fahrdienste aufteilen, uns gegebenenfalls auch kurzfristig per WhatsApp austauschen. Mamis, die selbst nicht arbeiten, übernehmen hier gerne mal, was mir natürlich extrem hilft. Müssen wir beide mal gleichzeitig auf mehrtägige Geschäftsreisen, ist es für uns essenziell, vorausschauend zu planen, da wir dann unsere Eltern oder Tanten, die jeweils zwischen 350 und 800 Kilometern entfernt wohnen, um Hilfe bitten. Drei, vier Wochen Vorlauf sind dann schon wichtig, aber ohne den Support der Familie wären die Situationen nicht regelbar.

Andrea: *Was sind deine persönlichen Organisations-Hacks für einen möglichst reibungslosen Ablauf in der Familie und der Arbeit?*

Meike: Ich empfehle ein iteratives Herangehen beim Wiedereinstieg nach der Elternzeit, sofern man die Freiheit dazu hat, um das passende Modell für sich und die Familie zu finden. Als Grundgerüst dient ein gemeinsamer, akkurat gepflegter Kalender für berufliche und private Termine – bei Überlagerungen muss geredet und umgeplant werden. Nichts liegen lassen, sondern Dinge schnell erledigen.

Versuche, den Spagat zwischen beruflichen und privaten Anforderungen, die sehr unterschiedlich sein können, mit Leichtigkeit zu machen – das kann man lernen. Du musst nicht alles selbst schaffen.

Lerne, abzugeben, was möglich ist, und wenn dir das schwerfällt, hinterfrage beispielsweise mal deine Motivation dahinter.

Andrea: *Du gönnst dir selbst einen Coach. Erzähl doch mal, warum und welche Vorteile die Zusammenarbeit für dich bringt.*

Meike: Ehrlich gesagt, habe ich lange selbst nicht gedacht, dass ich das bräuchte. Vor einem guten Jahr hat sich meine Rolle durch zwei Akquisitionen plötzlich verdoppelt und ich habe mir damals Begleitung gewünscht, um weiter alles im Einklang zu halten. Seitdem sprechen wir alle zwei bis drei Wochen miteinander und tauschen uns primär zu beruflichen Themen aus, aber auch zu Fragen wie »Wie halte ich die Balance mit der Familie?«, zum Beispiel aufgrund des internationalen Arbeitens, das viel mit Meetings am späten Abend verbunden ist. Mir hilft dieser regelmäßige Austausch sehr, mich zu sortieren und aufzuräumen.

> *»Flexibilität heißt, auch ungeplante Situationen mit Leichtigkeit anzugehen.«*
> MEIKE LIMBERG

Andrea: *Wie viel Flexibilität in Sachen Organisation – oder in welchen Bereichen davon – ist für ManagerMamas nötig oder möglich? Und wie ist Flexibilität genau zu verstehen?*

Meike: Ein gewisses Maß an Flexibilität braucht das Konstrukt, denn es reicht schon, wenn ein Kind plötzlich krank wird. Vorplanung hilft dabei sehr, doch manchmal stehen Dinge von einem Moment auf den anderen Kopf. Dann muss spontan umgeplant werden – meist erst mal in Abstimmung mit meinem Mann. Früher hat mich das oft gefrustet und gestresst. Heute lache ich darüber eher auch mal, nachdem ich gelernt habe, diese Momente mit möglichst viel Leichtigkeit anzugehen.

Andrea: *Wenn die Kinder krank sind, die Mama brauchen, doch parallel das Team- oder Vorstandsmeeting oder das Bewerbungsgespräch geplant ist – wie gehst du mit solchen Situationen um?*

Meike: Selten musste ich alles stehen und liegen lassen. Meist konnte ich zumindest Teilaspekte bedienen, zum Beispiel in Form einer zeitweisen Videozuschaltung, statt eben den ganzen Tag vor Ort sein zu können. Dabei hole ich mir allerdings auch Hilfe, wie zum Beispiel eine Freundin, die dann in der Zeit des Meetings auf das Kind schaut, um mir diesen Raum zu geben. Mir ist das wichtig und ich habe kein Problem damit, auch jemand anders nach dem Kind schauen zu lassen – solange es nur ein Schnupfen oder Ähnliches ist –, um die kritischen Dinge in der Arbeit weiter abzufangen.

Andrea: *Du hast mit deiner Familie anderthalb Jahre in Südafrika verbracht – wie gehen andere Länder mit der Organisation von Familie und Karriere um? Was war hier leichter oder besonders herausfordernd?*

Meike: Damals war ich nur als Mama für die Familie da und habe das auch sehr genossen. Ich habe mich umso mehr sozial engagiert und, geleitet durch das Interesse, Land und Leute besser kennenzulernen, viele Reisen an den Wochenenden für uns als Familie geplant. Eine andere Facette des Landes ist die stark eingeschränkte Sicherheit. Dadurch ist man mehr Chauffeur für seine Kinder, als man das in Deutschland jemals wäre. Diese anderen Umstände spielen in Deutschland weniger eine Rolle, sind vielleicht vielen sogar nicht einmal bewusst. Ich finde es wichtig und hilfreich, sich hin und wieder bewusst zu machen, dass unser Sicherheitsniveau in Deutschland an anderen Orten bei Weitem keine Selbstverständlichkeit ist.

Andrea: *Letzte Frage: ManagerMama – Illusion oder Realität?*

Meike: Ich glaube schon an die Realität, auch wenn das bedeutet, durch Täler und über Höhen zu gehen, und nicht immer einfach ist. Wichtig ist, dass man sich selbst gut dabei fühlt und nicht jede Mama, die einmal Führungskraft war, muss das mit Kindern weiter sein. Wichtig ist, für sich herauszufinden, was das Richtige ist und was sich für mich gut anfühlt.

■ ■ ■

Reflexion und Klarheit

In den vorherigen Kapiteln bin ich, wie auch meine Interviewpartner:innen und einige Statementgeber:innen, immer wieder darauf zurückgekommen: Die Doppelrolle ist eine Frage des Wollens und der Organisation. Dabei bleibe ich grundsätzlich auch, doch möchte ich in diesem Unterkapitel einige Punkte beleuchten, die mir zu bedenken wichtig sind oder auf die ich schon mehrfach angesprochen wurde.

Jede Frau ist anders

Wir befinden uns in unterschiedlichen Lebenssituationen – von der Erstgebärenden bis zur Mehrfachmama, von der Alleinverdiener:in bis zu Double-income-one-kid-only, von Junior Manager bis CEO, von Generation Z bis Babyboomer, von Stabsstelle bis Teamleitung, von Kleinkindmama bis zu Teenagermama, von »new in town« bis zum Familienclan an einem Ort. Jede individuelle Situation kann einen riesigen Unterschied machen in der Umsetzbarkeit und Souveränität in beiden Rollen – als Mutter und Managerin –, aber auch in der Flexibilität und der Arbeitszeit.

Außerdem verfügt jede:r über ein unterschiedliches Energielevel. Das wiederum hängt von einer Vielzahl von Einflussfaktoren ab. Ich wurde schon häufig gefragt, woher ich die Energie für die hohe Anzahl an Arbeitsstunden neben der Familie nehme, aber auch für meine Nebenprojekte, den Sport oder andere Hobbys. Ich kann die Frage gar nicht klar beantworten, aber ich glaube wirklich, dass Menschen unterschiedliche Grundlevel an Energie haben. So berichtet es auch Isabelle Helmreich. Sie ist Psychotherapeutin und wissenschaftliche Leiterin der Geschäftsstelle am Deutschen Resilienz-Zentrum der Uni Mainz. Sie sagte in einem Interview mit der Süddeutschen Zeitung (in JETZT): »Das Energieniveau ist bei Menschen individuell sehr verschieden. Manche Menschen haben ein Stresshormonsystem, das auf körperliche und psychische Empfindungen von Stress nicht so empfindlich reagiert wie das von anderen.« Und: »Es gibt Menschen, die sind vulnerabler als andere und müssen viel Energie aufwenden, um mit schwierigen Situationen umzugehen. Anderen fällt das von Natur aus leichter.«[63]

Wenn ich dazu noch meiner Garmin-Uhr Glauben schenken darf, ist sogar bei ein und derselben Person – mir in dem Fall – die Body Battery jeden Tag anders aufgeladen, selbst wenn der Schlaf gleich lang war. Es spielen also verschiedene Einflüsse eine Rolle. Dementsprechend sollte ich darauf achten, wie viel ich mir persönlich zumuten kann, sodass es noch gesund ist, unterm Strich guttut und keiner unter der vermeintlichen Doppelrolle leidet.

Entscheide frei von Erwartungen

Manchmal fühlt es sich so an, als ob unser Umfeld nur darauf wartet, sich auf eine neue Idee stürzen zu können, um sie schließlich mit bestwisserischem Halbwissen und Nachbarschaftsanekdoten zum Erliegen zu bringen. Gekonnt subtil oder auch offensiv machen Menschen anderen dabei auch noch ein schlechtes Gewissen für das, was sich eigentlich so gut anfühlte. Der Grund dafür? Neid? Langeweile? Unwissen? Oder einfach nur unüberlegtes Mitreden? Ich weiß es nicht, aber ich möchte dich darin bestärken: Entscheide frei von Erwartungen und schlechten Erfahrungen anderer. Löse dich von gesellschaftlichen Mustern und Rollenbildern, die uns täglich um die Ohren fliegen. Das heißt nicht, dass du dir nicht andere Meinungen anhören kannst, aber reflektiere sie für dich und treffe anschließend deine ganz persönliche Entscheidung. Vor allem ganz ohne schlechtes Gewissen.

Der beste Test ist dabei aus meiner Sicht: Wie geht es deinen Kindern? Denn wie schon einmal erwähnt, bin ich davon überzeugt: Happy mum, happy kids. Im Übrigen sprach ich schon davon, dass Zeit für sich als ManagerMama enorm wichtig ist. Wenn du dich in diesem Sinne entscheidest, dass du dich für deine Familie zurücknimmst, dann ist das genauso stark wie der Weg, die Karriereleiter nach oben zu gehen – auch in dem Fall lass dir nichts anderes einreden.

Sicherlich bin ich selbst nicht das beste Vorbild für ein Leben ohne Erwartungen. Doch ein guter Freund hat mich vor einigen Jahren darauf aufmerksam gemacht, dass Erwartungen tendenziell zu mehr Enttäuschungen führen, und die braucht weder du noch dein Umfeld. Schön beschrieben ist das auf der Seite Gedankenwelt.de: »Mit Erwartungen zu leben, macht uns auf emotionalem Level zu schwachen Menschen, denn wir warten darauf, dass Dinge so passieren, wie wir sie gerne hätten. Und das wird natürlich nicht immer der Fall sein. Tatsächlich verläuft das Leben die meiste Zeit genau nicht so, wie wir es erwartet oder geplant haben.«[64]

Die Grenzen der realen Welt

Im Rahmen der unterschiedlichen angesprochenen Szenarien und Typen weist uns das Leben hin und wieder unsere Grenzen auf. Es geht nicht immer alles. So bin ich mir wohl bewusst, dass sich nicht jede Mutter die erforderliche Kinderbetreuung aus eigener Tasche leisten kann. Schauen wir nur auf die unterschiedlichen Kitagebühren in Deutschland. Für Durchschnittsverdiener:innen liegen diese zwischen 0 und 500 Euro pro Monat[65] und dabei rede ich nicht von einer privaten Luxuskita. Zwar setze ich voraus, dass beim Aufstieg auf der Karriereleiter, gerade als Führungskraft, das Gehalt auch steigt, dennoch kann sich je nach Wohn- und Lebenssituation nicht jede:r Gleiches leisten.

Genauso kann die Gesundheit uns unerwartet einschränken. Manchmal sendet unser Körper Warnzeichen, bevor es zu spät ist, manchmal ignorieren wir diese oder es übermannt uns einfach. Ein anderes Mal lässt es der eigene Gesundheitszustand oder der der Kinder oder Angehörigen nicht zu, so zu arbeiten, wie man es gerne würde. Oder ein unvorhersehbares Ereignis ändert unser Leben über Nacht. Das kann passieren und damit sind die Grenzen möglicherweise neu gesetzt. Dann heißt es, neue Wege finden oder einen Plan B schmieden. Dann ist es wichtig, sich nicht zusätzlich durch Enttäuschung entmutigen zu lassen. Dann will das Leben dir eine neue Aufgabe stellen. Keine Sorge, jetzt soll es nicht esoterisch werden, doch meist weiß man erst viel später, was hinter einer neuen Wegabzweigung steckt. Nichtsdestoweniger kann es helfen, sich in solchen Situationen mit Gleichgesinnten auszutauschen, um so auf neue Ansätze, Denkanstöße oder wertvolle Kontakte zu kommen. So bringt es eins meiner Lieblingszitate auf den Punkt:

»If you can dream it, you can do it.«
WALT DISNEY

7. Potenziale für ManagerMamas und Unternehmen

In diesem Kapitel betrachten wir das ungenutzte Potenzial, das ManagerMamas für die Wirtschaft und für ihre eigenen Karrieren bieten. Wir diskutieren die Möglichkeiten zur beruflichen Weiterentwicklung während der Elternzeit, die Nutzung von natürlichen Energiequellen und die Vorteile, die sich für Unternehmen ergeben, die diese talentierte und vielseitige Gruppe unterstützen. Entdecken wir die Synergien, die sich aus der Förderung von ManagerMamas ergeben können, sowohl für individuelle Karrierewege als auch für den breiteren wirtschaftlichen Kontext! Hier wird klar, dass die Integration von berufstätigen Müttern in Führungspositionen nicht nur eine Frage der Gerechtigkeit ist, sondern auch eine kluge ökonomische Strategie, die Unternehmen helfen kann, innovativer, flexibler und erfolgreicher zu werden. Ein Kapitel somit, das nicht nur für ManagerMamas, sondern auch für Unternehmer:innen, Personaler:innen und die Partner:innen jede Menge Aha-Momente und Potenzial für zukunftsfähige Modelle und Arbeitsweisen bereithält.

Entwicklung – die bereichernde Geheimwaffe

Entwicklung umfasst erst einmal alles, was das Leben lebenswert macht. Neues zu entdecken, zu lernen und sich weiterzuentwickeln, das sollte jede:r für sich täglich (er)leben. Habe ich Karriere im Sinn oder bereits eine Führungsposition inne, dann ist Entwicklung sowieso wesentlicher Bestandteil auf dem Weg. Wenn ich hier von Entwicklung spreche, meine ich vor allem die persönliche Entwicklung – ob als angestellte Managerin oder Unternehmerin. Entwicklung bezieht sich auf das Selbst ebenso wie auf Persönlichkeitsmerkmale oder fachliche Kompetenzen. Im engen Zusammenhang damit steht die Personalentwicklung für das eigene Team, sprich für andere Menschen. Für die verantwortliche Führungskraft sind das Befähigen und Begleiten der einzelnen Mitarbeitenden ein wichtiger Schlüssel zum gemeinsamen Erfolg. Das wiederum lässt sich 1:1 auf die Mutterrolle übertragen, denn auch für Kinder sind Eltern die Vorbilder und Wegbereiter für Neugier und die Freude an Entwicklung im Leben.

Längst befinden wir uns in einer Wissensgesellschaft, in der lebenslanges Lernen, aber auch inhaltliche Tiefe und Expertenwissen für persönlichen, aber auch gesellschaftlich-ökonomischen Fortschritt fundamental wichtig sind. Was würden wir beispielsweise über einen CEO denken, der sich nicht zumindest im eigenen Fachgebiet oder der Branche auf dem neuesten Stand befindet? Wieso sollte eine Frau mit erfolgreicher Ausbildung oder Studium nach dem Kinderkriegen nicht weiterwachsen und ihr Wissen gewinnbringend einsetzen? Wissen ist Macht, heißt es, und das ist auch richtig und gut so, solange Macht nicht falsch interpretiert wird. Wissen hilft uns, Dinge voranzutreiben, Innovationen zu schaffen und die nächste Generation bestens auf das Berufsleben vorzubereiten. Zu Entwicklung zählt für mich außerdem die persönliche Evolution. Welche Kompetenzen bringe ich bereits mit, welche fehlen mir, um meine Ziele zu erreichen? Wie steht es beispielweise um meine Kreativität? Welche Rolle spielt emotionale versus künstliche Intelligenz? Brauche ich analytische Fähigkeiten oder vielmehr Abstraktionsvermögen? Wie sieht es mit Denken in Lösungen aus, wenn eine neue Herausforderung angerollt kommt? Ist das Glas eher halb voll oder halb leer?

Zu letzterem Punkt gibt es eine interessante amerikanische Studie[66]. Sie beschreibt die Unterschiede zwischen Glas-halb-voll- und Glas-halb-leer-Denker:innen eindrücklich. Deutet ein halb volles Glas auf eine optimistische Weltanschauung hin? In der Tat. Nach der Studie denken Menschen, die ein Glas als halb voll betrachten, nicht nur optimistischer, sondern weisen auch mehr verschiedene Persönlichkeitsmerkmale auf, einschließlich Entschlossenheit, Verspieltheit und Kreativität. 58 Prozent der Amerikaner:innen hatten das Gefühl, das Glas sei halb voll, während 16 Prozent das Gefühl hatten, dass es halb leer sei (die übrigen Befragten waren unentschlossen). Außerdem zeigten die Umfrageergebnisse, dass Glas-halb-voll-Denker:innen dazu neigten, geduldiger, wettbewerbsfähiger sowie anpassungsfähiger zu sein als Glas-halb-leer-Denker:innen.

Auf der anderen Seite neigten die Glas-halb-leer-Denker:innen dazu, entspannter, introvertierter, ernster und stolzer zu sein als ihre Glas-halb-voll-Gegenspieler:innen. Seltsamerweise identifizierten sich Glas-halb-leer-Denker:innen selbst nicht immer als Pessimisten. In der Tat, fast die Hälfte (48 Prozent) der Glas-halb-leer-Typen glauben, sie seien eher optimistisch als pessimistisch.[67] Diese Studie belegt für mich eindeutig, dass eine Entwicklung zum Typ des Glas-halb-voll-Denkers (und der -Denkerin) dem Ideal-Typus einer erfolgreichen Managerin oder eines erfolgreichen Managers entspricht: Entschlossenheit, Kreativität, Geduld und Wettbewerbsfähigkeit sind Eigenschaften, die uns bei Führung und dem Erreichen von Zielen unterstützen. Wenn ich also Karriere machen möchte, könnte ich reflektieren, zu welchem Typ ich nach der Studie gehöre, und den Fokus auf die Einstellungen einer Halb-voll-Denkerin legen. Nach diesen und weiteren Führungskompetenzen gilt es kontinuierlich zu streben, sie auszubauen und zu etablieren. Dafür braucht es das Bewusstsein, unerschütterliche Neugier und kontinuierliche Entwicklung – auch oder gerade als Mutter.

Bleib nicht stehen und denke in Lösungen!

Aus eigener Erfahrung weiß ich, wie wichtig, vielmehr unumgänglich kontinuierliche Entwicklung in ihrer Breite ist. Bestimmt habt ihr diesen Satz schon gehört: »Wenn ich zu lange aus meinem Job draußen bleibe, verliere ich den Anschluss.« In unserer schnelllebigen und veränderlichen Welt wird dieses Argument immer relevanter – sowohl als Mama, aber auch als Führungskraft und ganz besonders in der Kombination beider Rollen.

Als meine Zwillinge wenige Wochen alt waren und weniger schliefen, hatten sie gefühlt den ganzen Tag und die halbe Nacht Hunger. Sie bekamen Milchfläschchen fast toujours. Damit diese Frequenz eingehalten und der persönliche Energiehaushalt Schritt halten konnte, musste eine pragmatische Lösung her. Diese war: Sobald einer von beiden Hunger hatte, musste der andere zur selben Zeit auch essen bzw. trinken, damit der Rhythmus nicht antizyklisch wurde und somit 24/7 gefüttert worden wäre. Sprich, im Zweifel musste das Baby aus seinem seligen Schlaf geweckt werden. Außerdem waren nicht immer zwei Personen zum Parallel-Füttern da. Daher haben wir zwei Wippen angeschafft, die Babys reingesetzt, der Nahrungsgeber saß in der Mitte, rechts und links ein Fläschchen für die Zwerge, und alle waren zufrieden. Mamma mia, wenn ich manchmal daran zurückdenke, ist im Vergleich vieles im Berufsalltag so einfach.

Das Beispiel zeigt, dass das Denken in Lösungen viel hilfreicher ist, als in Selbstmitleid unterzugehen oder über Probleme zu klagen. Nur indem ich Pausen geschaffen habe, ist es mir gelungen, zum einen neue Energie zu tanken, zum anderen den Anschluss an die Arbeitswelt nicht aus den Augen zu verlieren. So konnte ich mich neben den Babys nicht nur als Person, sondern auch fachlich weiterentwickeln, statt stehen zu bleiben. Beispielsweise habe ich in den ruhigen Momenten viel gelesen, mein Spanisch aufgefrischt und zwischendurch weiterhin den Kontakt zu meinen Kolleg:innen gepflegt.

Lösungsorientiertes Denken in der Arbeitswelt

Das Denken in Lösungen lässt sich wunderbar auf die Arbeitswelt übertragen. Ein exzellentes Beispiel ereilte mein Team und mich im ersten Corona-Lockdown. Damals wurde unsere alle zwei Jahre stattfindende Leitmesse wegen Corona drei Wochen vor Termin abgesagt – Lockdown. Alles stand still. Es musste eine Lösung her, wie wir unsere Kund:innen dennoch erreichen – lieber gestern als heute. Keine Chance für persönliche Besuche, Homeoffice erschwerte die telefonische Erreichbarkeit, Mail-Postfächer wurden überflutet. Status digitaler Formate: Ging so – wie so viele standen wir hier vor der Pandemie eher am Anfang. Kurzerhand haben wir uns im Marketing entschieden, eine digitale Messe aufzubauen. Das hatten wir noch nie gemacht, aber mit einem klaren Zielbild im Kopf starteten wir durch und haben binnen acht Wochen ein digitales Event inklusive Live-Übertragung unseres CEOs und weiterer Expert:innen sowie einen digitalen Messeauftritt samt aller möglichen digitalen Touchpoints auf die Beine gestellt. Etwas, das heute möglicherweise nach Standard klingt, war 2020 noch sehr außergewöhnlich für einen industriellen Mittelständler.

Doch nicht alle waren gleich Feuer und Flamme. Beispielsweise haben wir einen Lead-Prozess aufgesetzt für alle Anfragen oder Aktivitäten, die auf potenzielles Geschäft hindeuten. Als wir diesen im Vertriebsteam präsentierten, waren einige nicht sonderlich begeistert von der Vorstellung, dass ihr Postfach mit Leads überfüllt werden könnte. Dieser implizite Optimismus, dass wir mit Anfragen überrannt werden könnten, wurde durch das Problemdenken im Keim erstickt. Für uns war damals nur schwer nachzuvollziehen, dass sich jemand im Vertrieb – gerade zu der herausfordernden Zeit – nicht über Verkaufssteilvorlagen freuen könnte. Wir haben den Spieß dann gedreht, indem wir als Lösung einen starken Support unsererseits angeboten haben, und nach und nach fast alle motiviert mit ins Boot geholt. Resümee: Die digitale Messe war ein grandioser Erfolg. Für mich war das wieder eine Bestätigung für eines meiner Leitprinzipien: »Denke in Lösungen, nicht in Problemen.« In Sachen Entwicklung ist das ein Must, denn sonst tun es andere und überholen uns. Manchmal muss man sich dazu erst von alten Mustern lösen, manchmal braucht es einen motivierten Konterpart, denn zu zweit ist vieles einfacher. Doch fällt mir kaum ein Beispiel ein, bei dem sich ein lösungsorientierter Ansatz nicht lohnt.

Der digitale Gamechanger

Zu guter Letzt ein Beispiel für die Kombination von persönlicher Entwicklung als Mutter und Führungskraft. Für mich ist seit über sieben Jahren nicht jeden Tag ein gleicher Ablauf möglich. Meist zwar schon, denn zu der Doppelrolle gehört auch, sich bestmöglich zu organisieren – wie unter dem Kapitel »Organisation, Freunde und Familie« beschrieben. Doch gibt es die Ausnahmen, in denen vor allem kleine Kinder uns Mütter plötzlich und dann ausnahmslos brauchen. Möchte ich mich also persönlich weiterentwickeln, sind gerade heutzutage die digitalen Möglichkeiten ein echter Gamechanger. Explizit denke ich hier an Aufzeichnungen, E-Learnings. Ich kann sie nämlich genau dann nutzen, wenn es mein Tagesablauf mit der notwendigen Ruhe für Konzentration erlaubt. Angefangen bei Meetings, die meist problemlos aufgezeichnet werden können – nicht nur per Collaboration-Platt-form wie Teams oder Zoom, sondern auch einfach per Diktierfunktion über ein Smartphone –, bis hin zu Weiterbildungen, die als herausragende E-Learning-Programme konzipiert sind. Auch hier fand seit der Pandemie ein Quantensprung in Sachen Qualität, Vielfalt und Nutzerfreundlichkeit statt. Ohne diese Optionen ist persönliche Entwicklung in der Doppelrolle deutlich anspruchsvoller. Doch mit diesen Möglichkeiten werden die Ausreden langsam dünn, wenn ich denn verstanden habe, wie wichtig es ist, nicht stehen zu bleiben. Gerne möchte ich hier ergänzen, dass die Möglichkeit, sich im Austausch mit Kolleg:innen oder im Rahmen eines Trainings persönlich zu treffen, immer noch Online schlägt. Nicht nur der Intensität und des direkten Erfahrungsaustauschs wegen – hierfür gibt es mittlerweile sogar gut moderierte Chat-Rooms im Rahmen von E-Learnings –, sondern auch für die Mütter selbst als Zeit zum Auftanken neuer Impulse. Daher, wenn möglich, persönliche Kontakte nutzen!

Mich hat diese Erfahrung jedenfalls gelehrt, dass jede:r in meinem Team, insbesondere jede Mutter, individuelle Freiheiten braucht, um sich persönlich und fachlich weiterzuentwickeln. New Work lässt grüßen! Damit meine ich konkret: Die Arbeitszeiten sollten flexibel sein, die Tools und Orte sowieso und damit darf keiner Frau bzw. keinem Elternteil ein Nachteil entstehen. Denn nur so – vorausgesetzt, die Fortbildung findet trotz Flexibilität in einem angemessenen Zeitraum statt – ist eine wirklich gleichberechtigte Entwicklung überhaupt möglich. Nur so verliere ich keine Perle aufgrund stereotyper und nicht zeitgemäßer Einschränkungen. Selbstverständlich gibt es Berufsfelder, die hier nicht »Hurra« schreien – denken wir an einen Chirurgen am OP-Tisch oder eine alleinige Einzelhändlerin mit festen Öffnungszeiten. Hier braucht es einen Plan B, vielleicht auch einen Plan C und immer wieder individuelle Lösungsansätze. Wer die Vorteile für sich nutzen will, der findet dafür einen Weg – zu 100 Prozent.

Du bist eher problemorientiert? Dann könnten folgende Fragestellungen helfen, um künftig motivierter und lösungs-orientierter an Herausforderungen heranzugehen. Dabei kann es hilfreich sein, deinen Fokus zu ändern. Stell dir mal folgende Fragen, um deine Perspektive zu verschieben und eine aktivere Haltung zu entwickeln:

1. **Was kann ich aus dieser Situation lernen?**
   Anstatt dich auf das Problem zu konzentrieren, such nach Lernmöglichkeiten. So kannst du ähnliche Heraus-forderungen in Zukunft besser bewältigen.

2. **Welche Schritte kann ich sofort unternehmen, um mich der Lösung zu nähern?**
   Identifiziere kleine, sofort umsetzbare Schritte, so-genannte Quick Wins. Das hilft, das Problem in hand-habbare Teile zu zerlegen.

3. **Welche Ressourcen stehen mir zur Verfügung?**
   Überlege dir, welche Personen, Tools oder Informationen dir helfen könnten, das Problem zu lösen.

4. **Wie habe ich in der Vergangenheit ähnliche Heraus-forderungen gemeistert?**
   Reflektiere über frühere Erfolge. Das kann dein Selbst-vertrauen stärken und dir neue Ideen für aktuelle Proble-me geben.

5. **Wer könnte mir helfen oder Rat geben?**
   Manchmal ist eine Außenperspektive sehr wertvoll. Über-lege, wer in deinem Umfeld die notwendige Erfahrung oder Kenntnisse hat, um dich zu unterstützen.

6. **Was wäre das ideale Ergebnis und wie kann ich es erreichen?**
Statt dich auf das Problem zu fixieren, konzentriere dich auf das Ziel. Visualisiere das gewünschte Ergebnis und plane rückwärts, um zu verstehen, welche Schritte notwendig sind, um dorthin zu gelangen.

7. **Welche alternativen Lösungsansätze gibt es?**
Versuche, kreativ zu denken und mehrere Lösungswege zu erkunden, bevor du dich für einen entscheidest.

8. **Wie kann ich den Herausforderungen positiv gegenüberstehen?**
Eine positive Einstellung kann Wunder wirken. Versuche, positiv zu denken und dich selbst zu motivieren, indem du die Vorteile einer gelösten Herausforderung betrachtest.

9. **Welche Grenzen sollte ich setzen, um nicht überwältigt zu werden?**
Es ist wichtig, deine eigenen Grenzen zu kennen und zu respektieren. Das kann bedeuten, Pausen einzulegen oder um Hilfe zu bitten, wenn nötig.

10. **Wie kann ich sicherstellen, dass ich an dieser Erfahrung wachse?**
Überlege, wie du die gewonnenen Erkenntnisse dokumentieren und anwenden kannst, um persönlich und beruflich daran zu wachsen.

Weiterbildung in der Elternzeit

Ein Jahr bezahlte Elternzeit wie in Deutschland ist eher ein Privileg, das in diesem Ausmaß nur wenige Länder bieten.[68] Natürlich ist die

Zeit dafür gedacht, Eltern bessere Voraussetzungen für die Erziehung ihrer Kinder zu ermöglichen. Darüber hinaus verbessert sich die Lebensqualität und festigt gerade in den ersten Jahren die Bindung der Familie.

Kurzer Reminder: »Elternzeit ist eine unbezahlte Auszeit vom Berufsleben für Mütter und Väter, die ihr Kind selbst betreuen und erziehen. Als Arbeitnehmerin oder Arbeitnehmer können Sie Elternzeit von Ihrem Arbeitgeber verlangen. Während der Elternzeit muss Ihr Arbeitgeber Sie pro Kind bis zu drei Jahre von der Arbeit freistellen. In dieser Zeit müssen Sie nicht arbeiten und erhalten keinen Lohn. Zum Ausgleich können Sie zum Beispiel Elterngeld beantragen. Der in anderen Ländern existierende Vaterschaftsurlaub wird in Deutschland von den Regelungen zur Elternzeit und zum Elterngeld abgedeckt. Ihre Elternzeit können Sie vor dem dritten Geburtstag Ihres Kindes nehmen. Einen Teil davon können Sie auch im Zeitraum zwischen dem dritten und dem achten Geburtstag nehmen. Das bedeutet: Sie können Ihre Elternzeit dann nehmen, wenn Sie und Ihr Kind sie wirklich brauchen.«[69]

Neben der Konzentration auf die Familie ließe sich aber noch mehr aus der Elternzeit machen. Von mir selbst weiß ich es und höre immer wieder, dass insbesondere karriereorientierte Frauen mit den Hufen scharren, wieder ins Berufsleben zurückzukehren. Daher wäre es doch schlau, die Chance zu nutzen. Gerade als Frau ist es weder gerecht noch hilfreich, sich auf die Mutterrolle reduzieren zu lassen – das ergibt wenig Sinn, wenn man nicht die geborene 100-Prozent-Mutter ist, und schlägt sich im Zweifel sogar auf die Gesundheit nieder. Daher schlage ich vor, dass eine formelle Weiterbildung in der Elternzeitphase mindestens eine Option, wenn nicht sogar ein festes Angebot seitens des Arbeitgebers werden sollte. Damit fällt nicht nur der Wiedereinstieg leichter, sondern die Qualifikation selbst, auch für die alte oder neue Arbeitsstelle nach der Elternauszeit ist, höher als zuvor – ein Win-win für alle Beteiligten und definitiv ein Argument für Mütter in Führung. In der Realität habe ich davon noch wenig gehört, weshalb es Zeit wird, diesen Gedanken weiterzuführen. Schon vor dem Abschied in den Mutterschutz kannst du diesen Punkt aktiv einbringen, sofern das Unternehmen von sich aus noch nicht in dieser Richtung aufgestellt ist. Allein diese Ambition dürfte stark für dich sprechen.

Ich selbst habe während meiner Elternzeit meine Spanischkenntnisse aufgefrischt. Das hat sich gelohnt: Ich konnte damit mein Wissen wieder aktivieren und bei meiner Rückkehr habe ich dadurch einige Sympathiepunkte bei meinen spanischen Kolleg:innen gewonnen. Im Nachhinein hätte ich die Zeit noch intensiver nutzen sollen für eine Weiterbildung in Zukunftsthemen, wie digitale Medien oder Community Management. Warum? Einerseits aus Eigeninteresse, andererseits, um direkt mit neuen Impulsen wieder einsteigen zu können, statt mich erst wieder orientieren zu müssen. Was wäre, wenn eine Weiterbildung während der Elternzeit sogar vom Arbeitgeber gefördert würde – ganz im Sinne des Unternehmens?

»Das Wichtigste vorab: Du darfst dich in deiner Elternzeit fortbilden, studieren, an Volkshochschulkursen teilnehmen usw. Auch wenn du aktuell Elterngeld beziehst, kannst du ohne Probleme an einer Weiterbildung teilnehmen. Die Obergrenze der maximal 32 Arbeitsstunden pro Woche gilt nicht für Studium, Aus- und Fortbildung.«[70]

Unterstützt die persönliche Entwicklung und Weiterbildung deine Qualifikation für deine Position im Unternehmen, ist es durchaus denkbar, dass der Arbeitgeber einen Teil der Kosten übernimmt als Anerkennung deiner Initiative.

Ich gehe dabei noch einen Schritt weiter – wenn es zu deinen Aufgaben passt, die du künftig voraussichtlich weiterführen wirst, ist es

Verhandlungssache, dass die Kosten komplett übernommen werden. Außerdem gibt es in Deutschland eine sogenannte Bildungsprämie von bis zu 500 Euro, wobei ein paar Voraussetzungen gelten. Diese findest du unter https://www.elterngeld.de/weiterbildung-in-der-elternzeit.[71]

Doch damit nicht genug: Auf Bundesebene gibt es weitere Förderungsmöglichkeiten, wie das Aufstiegs-BAföG, Aufstiegsstipendien sowie je nach Bundesland individuelle Förderungstöpfe. Du siehst, die Basis ist vorhanden, die Umsetzung liegt in deiner Hand. Ich bin überzeugt, dass ambitionierte Mütter, die ihren Karriereweg auch mit Kindern weiter beschreiten möchten, von persönlicher Entwicklung in besonderem Maße profitieren – ob in der Elternzeit oder generell. Wie bereits erwähnt, für sich als Person, aber besonders – und da stehen wir aktuell in vielen Bereichen noch –, um im Wettbewerb mit den anderen Kolleg:innen auf Augenhöhe zu bleiben. Im Gespräch mit Dr. Julia Freudenberg, CEO der Hacker School, haben wir das Thema am Ende des Kapitels in einem persönlichen Interview ebenfalls beleuchtet. Julia hat aus meiner Sicht während ihrer Elternzeit dem Bereich Entwicklung die Krone aufgesetzt.

Ohne Fehler kein Fortschritt

Im Management hören wir häufig von besonderen Erfolgen oder von großen Misserfolgen. Dazwischen ist es eher ruhig. Ein paar Learnings hier und da, doch eine fest etablierte Fehlerkultur ist vielerorts mehr Lippenbekenntnis als gelebte Realität. Dabei ist klar: Keiner ist unfehlbar. Frauen haben für Fehler sowie damit verbundenes Feedback besonders sensible Antennen und ein Feingespür, wie damit umzugehen ist. Bei Müttern ist diese Fähigkeit intensiviert und ausgeprägter vorhanden, da Kinder vom ersten Tag an lernen, Fehler machen, daraus lernen, repeat. Jeden Tag. Mamas jonglieren also täglich mit viel Fingerspitzengefühl mit Fehlern und entwickeln ihr Kind und sich damit permanent weiter. Allein durch diese täglich erfahrene Lernsituation ist der Umgang mit Fehlern für Mütter im Berufsleben deutlich einfacher als für viele andere. Das wissen viele erfolgreiche Unternehmer:innen nur zu gut. Herbert Diess, Ex-VW-Vorstand, sagte einst in einem Interview: »Rückschläge stärken den Charakter.« Er vergleicht das Unternehmertum gerne mit dem Fußball. Nach einem Rückschlag würden sich alle wieder zusammenreißen – und so entstehe die Chance für einen neuen Start.[72] Davon sollten Teams profitieren, denn nichts bringt einen schneller weiter als Fehler.

In direkter Verbindung mit der Fehlerkultur steht das aktiv gelebte Feedback in Teams. Offenes und ehrliches Feedback ist ein essenzieller Erfolgsfaktor. Zwar gehe ich hier nicht auf die Details des Feedbackgebens ein, denn dazu gibt es eigene Bücher wie das von Hans-Jürgen Kratz »Richtiges Feedback«[73], doch gehört das Thema unbedingt dazu. Beschönigende Aussagen, nur weil ich sonst die Gefühle des Gegenübers verletzen könnte, helfen keinem weiter – nicht dem / der Manager:in noch dem / der Mitarbeitenden. Richtig gegebenes und ehrliches Feedback fördert hingegen die positive Entwicklung aller Beteiligten. Für Mütter wiederum ein bekanntes Alltagsszenario, denn Kindern geben wir permanent Feedback.

Wie könnte das im Arbeitsalltag aussehen? Wie wäre es zum Beispiel mit einer wöchentlichen Lessons-learned-Runde? Fünfzehn Minuten beziehungsweise je nach Teamgröße etwas länger, aber nicht zu lange. Jeweils zwei bis drei Personen berichten von eigenen Fehlern aus der vergangenen Woche. Zum Beispiel: »Mir ist Folgendes passiert: In der gemeinsamen Vorbereitung mit Kolleg:in X...« oder »Letzte Woche habe ich den Prozess Y abkürzen wollen, dabei kam es zu folgendem Vorfall ...«. Das gesamte Team findet gemeinsam Lösungsansätze, die in der Situation geholfen hätten. Somit lassen sich derselbe oder ähnliche Fehler für die Zukunft vermeiden. Der Fehler wird somit zum Gewinn und einer echten Weiterentwicklung für das gesamte Team. Dasselbe Spiel funktioniert wunderbar beim Abendessen mit den Jüngsten – die Kreativität von Kindern ist dabei beeindruckend und Vorbild zugleich. Hier habe ich jetzt im Schulalter meiner Kinder auch schon Sätze gehört wie:»Mama, warum hast du nicht direkt nachgefragt, was das Problem ist?« Ja, manchmal liegt die Lösung so nah, doch wir denken in bestimmten Mustern, sind Abläufe zu sehr gewohnt und verlassen zu selten unsere gelernte Vorgehensweise. Ein Schritt zurück, ein bisschen Abstand zur Situation oder ein konstruktiver Austausch mit einer dritten Person kann bereits der Schlüssel sein.

Die Zeit hierfür rentiert sich häufig mehrfach im Vergleich zu der Zeit, während der man im gewohnten Vorgehen weitertrabt, statt neu zu denken. Weitere Feedbackrituale könnten sein:

1. **Retrospektiven mit Themen:** Verwandle die üblichen Retrospektiven in thematische Sitzungen, die sich auf spezifische Aspekte der Teamarbeit oder Projekte konzentrieren. Die Themen können von der Verbesserung der Kommunikation bis hin zur Effizienzsteigerung reichen. Dadurch schärft ihr gemeinsam den Fokus und entwickelt spezifische Lösungsansätze.

2. **Feedback-Roulette:** Bei diesem Ritual schreibt jedes Teammitglied ein anonymes Feedback zu einem anderen Mitglied oder einem Projektaspekt auf einen Zettel und legt ihn in einen Hut. Die Zettel werden gemischt und dann wahllos verteilt, sodass jede:r ein zufälliges Feedback erhält, über das diskutiert wird. Das fördert Offenheit und kann unerwartete Einsichten liefern.

3. **Wertschätzungsstunde:** Widme eine regelmäßige Sitzung ausschließlich der gegenseitigen Wertschätzung. Hier kann jede:r im Team positive Rückmeldungen und Dankbarkeit für die Un-

terstützung, Beiträge oder das Engagement der anderen ausdrü-
cken. Das stärkt den Teamgeist und die Motivation.

4. **Improvement-Board:** Erstelle ein physisches oder digitales Board,
auf dem Teammitglieder Verbesserungsvorschläge, Feedback oder
erkannte Fehler anonym posten können. Regelmäßig bespricht
das Team die Einträge und arbeitet gemeinsam an Lösungen. Ein
echter Booster für eine aktive Fehlerkultur.

5. **Rollentausch-Feedback:** Bei diesem Ritual tauschen Teammitglieder für einen Tag oder einige Stunden ihre Rollen (soweit prak-
tikabel) und geben anschließend Feedback aus der Perspektive
der anderen Rolle. Das macht Spaß, fördert die Empathie und ein
tieferes Verständnis für die Herausforderungen und Arbeitsweisen der Kolleg:innen.

- Nutze deine Elternzeit zur Weiterbildung, idealerweise mit
  Unterstützung deines Arbeitgebers.

- Erkundige dich nach digitalen, flexiblen Entwicklungs-
  modellen, um deiner Doppelrolle gerecht zu werden.

- Definiere deinen persönlichen Entwicklungspfad, um für dich
  persönlich und deine Karriere relevante Zukunftskompetenzen
  auf- und auszubauen.

- Denk in Lösungen statt in Problemen und setze innovative
  Ideen um.

- Lebe eine Fehlerkultur inklusive Feedbackritualen im
  360-Grad-Sinne.

Interview mit Dr. Julia Freudenberg, CEO der Hacker School

Dr. Julia Freudenberg leitet seit 2017 die Hacker School, eine gemeinnützige Organisation für digitale Bildung Jugendlicher
und junger Erwachsener. Mittlerweile
wirken hier mehr als 60 festangestellte
Mitarbeiter:innen und über 2000 Eh-
renamtliche mit. Julia ist selbst Mutter
einer Tochter (zehn Jahre) und eines
Sohnes (14 Jahre). Durch ihre tägliche Arbeit weiß sie bestens um die Bedeutung von
Bildung und persönlicher Entwicklung, aber wer
in der Elternzeit schnell mal promoviert, hat hierzu noch einiges mehr
zu sagen. Von Kindern weiß man, dass Lernen in den Babyschuhen
beginnt und man so früh wie möglich die Entwicklung fördern soll.
Doch ein Leben lang dranzubleiben, wird häufig unterschätzt, erst
recht bei Müttern mit kleinen oder Schulkindern. Warum es gerade
als ManagerMama besonders wichtig ist, hier den Anschluss nicht zu
verlieren und sich einen Vorsprung zu verschaffen, und wie das möglich ist, darüber habe ich mit Julia gesprochen. Von Begeisterungs-
stürmen über Disbalance bis hin zu Regeln für die ganze Familie lest
ihr hier eine eindrucksvolle Sichtweise.

Andrea: *Julia, welche Bedeutung hat persönliche Entwicklung für dich,
insbesondere aber für Frauen, respektive Mütter?*

Julia: Bei Entwicklung geht es immer um eine persönliche Entwicklung oder eine Weiterentwicklung von Menschen. Dabei haben wir
im Bereich berufstätiger Mütter eine wichtige Entwicklungsstufe vor
uns: Wir müssen das Bewusstsein schaffen, dass Kinder keine Krankheit sind, sondern man mit Kindern auch arbeiten kann, es für Kinder sogar total wichtig ist, Role Models zu Hause zu haben. Denn

Kinder, deren Mutter sich den ganzen Tag nur um Haus und Kinder kümmert, spüren eine gewisse Unausgewogenheit zwischen den Rollen von Vater und Mutter. Außerdem ist der eigene Wunsch vieler Mütter groß, nicht nur unseren Mädchen Vorbild zu sein, sondern auch eine Varietät zwischen – hoffentlich coolem – Job und Familie zu erleben. Mit Blick auf Unternehmen ist dazu »Walk the Talk« für mich ebenso wichtig. Denn keiner sollte sagen, dass Diversität so wichtig sei, aber wenn du schwanger wirst, dann war's das mit Karriere.

»Mütter wissen den Wert einer Sekunde zu schätzen.«
DR. JULIA FREUDENBERG

Für mich ist es extrem wertvoll, Mütter im Team zu haben, denn sie wissen den Wert einer Sekunde zu schätzen. Schaffe ich also ein Arbeitsumfeld, in dem Frauen die Flexibilität vorfinden, die eine Familie in Kombination mit Arbeit erfordert, und gewinne diese, dann habe ich die coolsten Mitarbeiterinnen im Team, weil sie diese Flexibilität extrem zu schätzen wissen. Die Energie im gesamten Team ist dann um ein Vielfaches höher. Dazu müssen eben beide Seiten wissen, was sie wollen – Unternehmen und Frauen.

Andrea: *Du selbst hast während deiner Elternzeit eine besondere Weiterentwicklung gemacht – welche, warum gerade in der Phase und wie denkst du im Nachhinein über die Entscheidung?*

Julia: Beim ersten Kind bin ich direkt nach dem Mutterschutz wieder in den Job zurück. Beim zweiten Kind habe ich mir von vornherein drei Jahre Elternzeit genommen, weil ich noch eine Doktorarbeit schreiben und mich in einen neuen Bereich einarbeiten wollte. Ehrlicherweise ist es ja keine intellektuelle Höchstleistung, ein Kind zu gebären. Und Mama-Sein, Stillen oder Fläschchen zu geben oder Windeln zu wechseln braucht zwar Zeit, ganz viel Liebe und Zuwendung, aber wenn du einen wachen Geist hast und etwas verändern willst, dann ist das Momentum zu der Zeit perfekt. So konnte ich einerseits für die Kinder da sein und gleichzeitig mit der Promotion für mich einen wichtigen Schritt machen, den ich jederzeit so wiederholen würde. Es ist taff – und ja, irgendwie sind es zwei Vollzeitjobs –, aber es war super.

Andrea: *Was sind deine entscheidenden Hacks, um eine Nummer wie die Promotion durchzuziehen, aber auch generell für eine ManagerMama?*

Julia: Netzwerke sind key. Man muss sich Hilfe suchen und sie auch annehmen, zum Beispiel ein Au-pair einstellen. Eine starke Partnerschaft unterstützt. (Einmal habe ich die ganze Familie mit auf eine Konferenz nach New York genommen, um Job und Familie zu kombinieren. Nicht günstig, aber großartig!) Neugier ist der beste Freund, sonst überholt uns die Technik. Stillstand ist Rückschritt – ein Verschlafen wäre fatal. Wenn man es selbst nicht schafft, dann für die Kinder als Vorbild, indem man ihnen zeigt, wie viel Spaß Weiterentwicklung und Lernen macht.

Andrea: *Was würdest du jeder ManagerMama in Sachen persönlicher Entwicklung empfehlen?*

Julia: Zuallererst sollte sich jede Frau selbst klar machen, was sie will, und sich nicht zum Spielball machen lassen, indem sie sich von der Meinung anderer abhängig macht. Verallgemeinert kennt man nur eine Rabenmutter oder eine Vollhausfrau. Also mach dich von Klischees frei, finde deinen eigenen Weg und das, wofür du brennst. Außerdem sei gütig mit dir selbst, denn niemand kann zu 100 Prozent Mutter und zu 100 Prozent Führungskraft sein. Doch egal wie dein Weg aussieht, lerne jeden Tag etwas Neues. Das kann alles Mögliche sein. Man lernt aus dem Schlichten eines Streits der Kinder ebenso wie aus dem Duell zweier Teams. Schließlich sind Personalführung und die Fähigkeiten, die du als Mutter brauchst, gar nicht so unterschiedlich. Geh mit offenen Augen durch die Welt und sei neugierig. Wann zum Beispiel hast du das letzte Mal nebeneinander mit deinem Sohn auf der Couch gelesen? Du zu »Führungskultur«, er »Die drei ???«.

Für mich haben bei all dem meine Kinder immer 100 Prozent Vorrang. Das heißt nicht, dass ich 24/7 zu Hause bin. Wenn etwas Wichtiges ist, habe ich schon Termine abgesagt und wir haben einige Regeln zu Hause fest installiert. Zum Beispiel wenn Lernen für eine wichtige Klausur ansteht, wozu ich gebraucht werde, muss ich das Wochenende vorher wissen, um es gut einplanen zu können. Ausnahmen könnten dann so aussehen: Kürzlich rief mich mein Sohn an: »Ich habe den Französischtest morgen vergessen« – als ich gerade auf einer Preisverleihung war. Dann bin ich rausgesprungen und habe übers Telefon Vokabeln abgefragt. Das ist allerdings kein Standard, sondern bringt mich auch ordentlich in Wallung. Und zu guter Letzt gibt es meist auch Väter, die ebenso im Haushalt helfen können. Wir haben eine klare Aufteilung. Mein Mann kocht und macht den Garten, ich mach die Kinder und die Wäsche.

Andrea: *Wie siehst du das, wenn eine Mutter sagt: »Ich habe dafür einfach keine Zeit«?*

Julia: Jeder Mensch hat 24 Stunden am Tag. Henry Ford sagte einmal: »Egal ob du sagst, du wirst das schaffen oder du wirst es nicht schaffen, du wirst recht behalten.« Entscheidend ist, dass wir Kindern vorleben, dass man für sich selbst einsteht. Aber auch, dass Mütter und Väter nicht nur Erfüllungsgehilfen eines möglichst hohen Serviceniveaus sind, sondern eigene Menschen mit eigenen Ambitionen für Weiterbildung, und dass das auch Spaß macht. Ich bin überzeugt, dass es möglich ist, mit einem oder mehreren Kindern egal welchen Alters diesen Freiraum abzustimmen. Nicht jedes Kind muss ein musikalisches, sportliches und noch ein künstlerisches Hobby haben. Wir overengineeren unsere Kinder extrem und wo ein Wille, da ein Weg. Man braucht den Willen, damit fängt es an.

Andrea: *Letzte Frage: ManagerMama – Illusion oder Realität und warum?*

Julia: Realität und Notwendigkeit. Denn allein wegen der künstlichen Intelligenz wären wir mit dem Klammerbeutel gepudert, wenn wir uns da nicht einbringen. Wir müssen uns von dem Mutterkreuz in Deutschland verabschieden. Man kann eine vollwertige, tolle Frau sein als Mutter und Unternehmensführerin, und das muss als Realität in alle Köpfe.

■ ■ ■

Natur – der natürlichste Energie- und Erfolgsbooster

Eine weitere essenzielle Komponente, um als ManagerMama in Balance zu bleiben oder zu finden, ist die regelmäßige Bewegung in der Natur. Dabei ist es erst einmal egal, ob die Bewegung im entspannten oder sportlichen Modus stattfindet. Beschäftigen wir uns mit Fragen wie: »Wie laden ambitionierte Karrierefrauen und -männer, mit und ohne Familie, ihre Akkus am besten auf?«, »Wie pushen Führungskräfte ihre Leistung?« oder »Warum ist Sport bei erfolgreichen Manager:innen in der Regel gesetzt?«, dann gibt es selbstverständlich verschiedenste Antworten, doch eine besonders effiziente ist: durch Bewegung in der Natur.

Mit Natur meine ich belebte und unbelebte Natur, sprich Orte mit Pflanzen, Tieren bis zu kargen Wüsten oder Gesteinslandschaften. Weniger dagegen Städte oder Wohnviertel, in denen Straßen und Häuser die Umgebung prägen. In großen Metropolen könnte ein Stadtpark oder Weg am Fluss ebenfalls zu meiner Definition von Natur passen, wie sie in diesem Kapitel gemeint ist. Für mich lassen sich die eigenen Akkus an wenigen Orten besser laden als an der frischen Luft. Dabei ist längst bekannt, dass Bewegung – insbesondere im Freien – die Gesundheit und das persönliche Wohlbefinden positiv beeinflusst. Darauf gehe ich im anschließenden Interview mit Dr. med. Sibylla Krane genauer ein.

Mehr Leistungsfähigkeit und Kreativität

Zudem bestätigt eine amerikanische Studie, in der die Probanden Aufmerksamkeitstests und Gedächtnistests lösen mussten, dass deren Leistungen nach einem Spaziergang durch einen Park um 20 Prozent stiegen. Eine belebte Straße entlangzulaufen bot im Vergleich dazu keinen Vorteil.[74] In ähnlicher Form belegen wissenschaftliche Studien, dass die Kreativität durch Bewegung – ich behaupte: und erst recht durch zusätzliche frische Luft, sprich im Freien – um bis zu 60 Prozent zunimmt. Für mich schon lange ein Grund, das Schöne mit dem Nützlichen zu verbinden, zum Beispiel in Form meiner »Passion Walks«. Die haben ihren Namen bekommen, weil ich es liebe, mich in der Natur zu bewegen, und weil ich gleichzeitig meine Leidenschaft, die ich in die Arbeit stecke, damit verbinden kann. Das heißt, ich gehe mit AirPods oder physisch mit Kund:innen an der frischen Luft spazieren und wir besprechen hier unsere Themen, brainstormen oder inspirieren uns gegenseitig. Das funktioniert wunderbar bei jedem Wetter und spart Zeit, weil man zwei wichtige Dinge miteinander kombiniert – Bewegung der Gesundheit zuliebe und berufliche Termine, dazu noch mit einem Kreativitäts- oder Leistungsbooster.

Von prominenten Beispielen wie Steve Jobs, Mark Zuckerberg oder Barack Obama wissen wir, wie sehr sie Meetings in Bewegung schätzen und schätzten, so wie viele weitere erfolgreiche Führungskräfte.[75] Ob ihre grandiosen Ideen dadurch beeinflusst wurden? Wir dürfen das zu Motivationszwecken gerne mal annehmen.

Zwar ist es kein Ersatz für Zeit im Freien, aber sogar der Blick auf Landschaften in Form von Bildern wirkt auf uns beruhigend. Das heißt: Der Terminkalender läuft über oder das Kind ist krank und für draußen bleibt keine Zeit – dann wäre ein Naturbild am Arbeitsplatz oder als Desktop-Hintergrund schon mal eine gute Übergangslösung. Doch das wichtigste Argument für Naturauszeiten ist, dass sie eine gesunde innere Balance unterstützen zwischen der Mutterrolle und den beruflichen Anforderungen.

Ein Blick in die Welt hochrangiger Manager:innen und CEOs verrät uns, dass hier Sport zum guten Ton gehört. Das kommt nicht von ungefähr. Virgin-Chef Richard Branson steht seit Jahren um fünf Uhr morgens auf, um sich beim Tennis, Kitesurfen oder Schwimmen den Puls hochzutreiben[76]. Oprah Winfrey, US-Schauspielerin und Moderatorin, schwört auf ihre Yoga-Sessions und versucht täglich 10.000 Schritte zu erreichen. Ähnlich handhaben es Mark Zuckerberg oder Tony Robbins.[77] Alles nur Zufall oder macht Sport wirklich erfolgreich? »Jein«, sagt Christian Zepp, sportpsychologischer Experte der Sporthochschule Köln. Sport sei zwar kein Garant für Erfolg, jedoch entwickele regelmäßiges Training genau jene Eigenschaften, die auch Erfolg im Job bedingen. »Sportler können sich disziplinieren. Sie sind ehrgeizig und haben oft ein höheres Selbstwertgefühl«, erklärt Zepp.[78]

Gründe gibt es also genug für die aktive Zeit in der Natur. Warum fällt es vielen dennoch so schwer, diese Zeit im Alltag unterzubringen?

Das Ziel der individuellen Mitte

Als ich im Jahr 2016 erfuhr, dass ich schwanger war, war ich sportlich gesehen in der bisher fittesten Phase meines Lebens. Ich war gerade für einen anstehenden Triathlon angemeldet, gedanklich spielte ich mit meinem ersten Marathon. Beides musste ich erst mal vertagen. Dennoch, ein Wohlfühl-Halbmarathon, von dem ich bis dahin schon öfter von Schwangeren gelesen hatte, der sollte zumindest noch drin sein in den kommenden Monaten.

Von hundert auf null tut genauso weh wie von null auf hundert.

Die bittere Wahrheit holte mich kurz darauf ein: Schon im zweiten Schwangerschaftsmonat hatte ich kaum mehr ausreichend Luft zum Laufen von fünf Kilometern. Kurze Zeit später ging Joggen gar nicht mehr und ich wechselte schweren Herzens zur Wassergymnastik. Von hundert auf null war ziemlich schmerzlich für mich – sowohl körperlich, aber noch viel mehr mental. Als meine Zwillinge geboren waren, konnte es mir entsprechend nicht schnell genug gehen und ich lief meinen ersten Halbmarathon wieder, als sie gerade acht Monate alt waren. Spoiler: Danach ging es wieder los – keine Zeit, keine Regelmäßigkeit, weniger fit, fehlende Routine und so weiter. Diesen Teufelskreis habe ich erst nach circa zwei Jahren wieder durchbrochen. Dann allerdings nachhaltig, weil uns als Familie diese verschiedenen Komponenten für eine gesunde Balance zwischen unseren Rollen bewusst geworden sind wie nie zuvor. Als Eltern, Manager, Mann und Frau, Freund oder Freundin und so weiter. Seitdem ist glücklicherweise Sport oder zumindest Bewegung wieder fester Bestandteil meines Alltags. Wenn ich von Bewegung oder Sport spreche, dreht es sich in den meisten Fällen um Outdoor-Aktivitäten, vom Spazierengehen bis zum Joggen über Mountainbiken bis zum Skifahren oder Langlaufen. Keineswegs möchte ich damit sagen, dass Indoor-Sport nicht ähnliche Effekte mit sich bringen kann. Dennoch fördert die frische Luft unter freiem Himmel – wenn wir uns nicht gerade in der Ozonhochzeit oder im Reizklima auspowern – in besonderem Maße positive Effekte wie Wohlbefinden, Balance und eben die persönliche Leistungsfähigkeit. Natur ist somit für mich der natürlichste und unschlagbare Erfolgsbooster.

Doch zu oft höre ich, für Sport sei nun wirklich keine Zeit mehr in der Doppelrolle als Mutter und Managerin. Meine Standardantwort: »Du musst sie dir auch aktiv nehmen.« Oder in anderen Worten: eine Frage der Priorisierung. Mir persönlich fehlen lieber einmal 30 Minuten für das Lesen von Nachrichten, ich stehe früher auf oder nutze meine Mittagspause, als dass ich auf diesen Ausgleich in der Natur verzichten würde. Das Ziel muss schließlich sein, deine individuelle Mitte zu finden, die ideale Zeitaufteilung für die verschiedenen Komponenten in deinem ManagerMama-Leben. Was auf jeden Fall hilft, sind Routinen. Bei mir sind das beispielsweise folgende:

- **Tägliche Zeit mit den Kindern im Freien** (im Garten, am Spielplatz, beim Sport, für Erledigungen). Diese Zeit nehmen wir uns bei jedem Wetter jeden Tag für mindestens 15 bis 30 Minuten.

- **Fixe Verabredungen zur Motivation.** Jeden Sonntag um 10 Uhr gehe ich mit einer Freundin zum Laufen. Kommt mal etwas dazwischen, suchen wir beide einen Alternativtermin, um die aktive Phase nachzuholen.

- **Verlegen von Indoor-Aktivitäten ins Freie.** Im Sommer ist Yoga im Garten bei Sonnenaufgang ein Energiespender hoch zehn – am besten, wenn die ganze Familie noch schläft. Oder im Winter ein Podcast beim Schneespaziergang – danach fühlt es sich daheim noch viel wohliger an.

- **Dein Favorit:** Finde für dich heraus, welche Form der Bewegung im Freien dir besonders guttut und einfach umsetzbar ist.
- **Routinen:** Trage deine Naturroutinen in einen Wochenplaner ein und denke daran – weniger ist mehr, Hauptsache, regelmäßig Bewegung in der Natur.
- **Flow:** Die Routine bringt dich in den Flow, bei Läufern auch bekannt als Runners High. Das gibt dir Energie und Motivation mehrfach zurück.

Dabei ist allerdings zu beachten, dass der unregelmäßige, punktuelle Versuch, Bewegung oder Sport in hoher Intensität in den Alltag zu integrieren – also von null auf hundert –, ebenso wenig guttut wie andersherum, plötzlich fast gar nichts mehr zu tun. Dann trainiere lieber regelmäßig und dafür weniger, denn das hilft nicht nur der ganzheitlichen Balance, sondern beugt auch Überbelastungen oder gar Verletzungen vor. Auch das musste ich in Form von Bänderzerrungen und einer langwierigen Achillessehnenentzündung erst mal spüren, bevor ich es geändert habe.

Wie bereits festgestellt, gibt es ausreichend gute Gründe, die Naturkomponente zum festen Alltagsritual zu etablieren. »Auch wenn es nur für ein paar Minuten ist: Eine Pause von der uns so wichtigen Geschäftigkeit und ein Intermezzo mit der Natur kann die kognitive Gehirnleistung und mentale Stärke positiv beeinflussen«[79], sagt Julia Lakaemper, renommierte Mindset-Coachin. Prominentes Beispiel: Schon Steve Jobs hielt seine Meetings im Gehen ab und seine Ideen waren ja nicht so schlecht. Da mir in Bewegung oder beim Sport oftmals sehr gute Ideen kommen, habe ich während der Coronapandemie mit den bereits erwähnten Passion Walks begonnen. Dabei sprudeln die kreativen Ideen und die gegenseitige Inspiration ist vergleichsweise sehr hoch. Alternativ funktioniert das wunderbar bei Mountain Offsites oder Business Rides.

1. Passion Walks

Das sind Spaziergänge in der Natur abseits von städtischem Treiben. Man ist entweder allein mit den eigenen Gedanken, telefonierend mit Headset (wichtig für die Entspannung von Armen und Schulterpartie) oder in Begleitung von Kolleg:innen oder Sparringspartner:innen.

2. Business Rides

Gemeinsame Fahrradtouren in der Natur in Geschwindig-keiten oder mit Phasen, bei denen es sich gut unterhalten lässt, sind ebenfalls hilfreich. Vorteil: Man legt schneller mehr Strecke zurück als bei einem Walk und die inspirieren-de Komponente kann somit noch höher ausfallen.

3. Mountain Offsites

Wohnst du in oder nahe den Bergen oder kannst du dir ein bisschen mehr Zeit nehmen, ist für mich die Krönung ein Offsite in den Bergen. Die Kombination aus Bergluft, Natur pur und dem Weitblick von den Gipfeln toppt wenig, wenn es um Ideenfindung und Motivation geht.

Dabei ist der Zeitaufwand überschaubar. Der Tiroler Out-door-Spezialist Kompass unterstreicht: »Mindestens zwei Stunden pro Woche im Grünen machen dich glücklicher.«[80] Das sind auf den Tag heruntergebrochen gerade 17 Minuten. Jede Minute mehr tut natürlich gut, doch vor allem dürfte es bei dem Pensum nur noch wenig belastbare Ausreden für die Zeit und Bewegung in der Natur geben. Sind die Kinder mit dabei, ist das auch wunderbar.

Interview mit Dr. med. Sibylla Krane, Inhaberin einer Privatpraxis für ganzheitliche Gesundheit

Sibylla hat Humanmedizin studiert und in der Medizin ganz unterschiedliche Rollen bekleidet – von der Arbeit in Kliniken über Arztpraxen bis hin zur COO in einem Gaming-Unternehmen für medizinische Lernprogramme. Einige Jahre verbrachte sie mit ihrer Familie in den USA, wo sie sich verstärkt den Themen Mind-Body-Medizin, Atmungs- sowie Health & Lifestyle Coaching gewidmet hat. Mit all dieser Erfahrung hat Sibylla 2023 ihre eigene Privatpraxis für ganzheitliche Gesundheit eröffnet und baut parallel das »Haus of Prana« auf, ein digitales Gesundheitshaus. Sie hat einen Sohn (17), einen Ehemann, Hobbys, Patient:innen, Freund:innen ... Somit kommen bei ihr einige Rollen zusammen. Doch wer, wenn nicht sie als Ärztin, sollte besser wissen, wie man damit am besten umgeht beziehungsweise welche Rolle Bewegung und Natur dabei spielen?

Andrea: *Sibylla, welche Chance hat Zeit in der Natur bei dieser Fülle an Aufgaben bei dir überhaupt noch?*

Sibylla: Da ich nicht ohne die Berge und im Sommer ohne das Meer sein kann, findet Natur fast von selbst immer wieder ihren Platz, und sei es am Wochenende. Für mich ist ein Tag in den Bergen wie eine Woche Urlaub. Die Berge geben mir extrem viel Energie und meine jahrelange Praxis mit Patienten bestätigt mir, dass es die Gesundheit ebenfalls dankt – Bergfexe sind auch im hohen Alter die fittesten und gesündesten Menschen. Außerdem gehe ich viel spazieren. Das habe ich während Covid mit meinem Sohn zusammen begonnen – er nach einem langen Schultag, ich spät zurück aus der Klinik –, dann haben wir gemeinsam einfach eine Runde am Kanal entlang gedreht und uns von unserem Tag erzählt. Diese Routine haben wir bis heute beibehalten und mittlerweile sagt er auch von sich aus: »Komm, Mama, lass uns spazieren gehen.« Aber auch mit Kunden, Patienten oder Kollegen gehe ich gerne spazieren, nach dem Lunch oder auch mal mit dem Telefon. Außerdem fahre ich mit dem Rad in die Arbeit oder steige eine U-Bahn-Station vorher aus und laufe den Rest. So quetsche ich die Natur quasi irgendwie in den Alltag.

Dabei sei aber gesagt: Auch ich hatte Phasen mit ganz wenig bis keiner Bewegung und dann wieder mit ganz viel Sport – das sind Wellen, in denen man das ideale Maß erst wiederfinden muss.

Andrea: *Wie viel Bewegung braucht denn der Mensch idealerweise aus medizinischer Sicht?*

Sibylla: 150 bis 300 Minuten Bewegung pro Woche und davon 75 Minuten mit etwas höherem Puls, also im Ausdauermodus. Für Letzteres eignen sich besonders gut das Joggen, Radfahren oder Schwimmen. Oder in den Bergen wandern mit einem gewissen Schwung. Dazu kommen dann noch Kräftigungsübungen. In Summe ist die Kombination aus Ausdauer, Kraft und Mobilitätstraining wichtig. Wer das gerade in den intensivsten Berufsjahren – sprich zwischen 30 und 50 – schon beachtet, hat vor allem im fortgeschrittenen Alter einen nachweislichen Vorteil. Dabei ist Bewegung nicht vorrangig leistungsorientiert gemeint, sondern mit dem obersten Ziel, dass es mir guttut. Das muss ich spüren. Anfangs mag das vielleicht mühsam sein, aber dann trägt dich die Routine.

»Bergfexe sind auch im hohen Alter die Fittesten!«
SIBYLLA KRANE

Andrea: *Was bringen mir Bewegung und Natur im Alltag aus deiner Sicht und ist das für ManagerMamas besonders wichtig?*

Sibylla: Die Dinge, die Bewegung und Natur begünstigen, sind natürlich für jedermann von Vorteil. Bei vielen ManagerMamas ist im Vergleich zu anderen die Doppelbelastung oder mit kleinen Kindern der Schlafmangel besonders hoch und damit erst recht Grund dafür, sich diese Vorteile nicht entgehen zu lassen. Dazu zählen: Stressreduktion – dabei sollte man nicht schon davor genervt sein, sich bewegen zu »müssen«, und auch nicht übertreiben. Mentale und physische Gesundheit – wie gesagt, werden für Erwachsene pro Woche 150 bis 300 Minuten Bewegung inklusive 75 Minuten im Ausdauerbereich sowie zusätzlich zweimal Krafttraining empfohlen.

Vitamin-D-Mangel-Reduktion – gerade in den Herbst- und Wintermonaten haben die meisten unter uns Mitteleuropäern einen Mangel an Vitamin D. Bewegung im Freien wirkt dem positiv entgegen. Besserer Schlaf – die Morgen- und Nachmittagssonne signalisiert unserem Körper unterbewusst hoch- bzw. runterzufahren. Studien bestätigen außerdem, dass Menschen, die sich in der Natur bewegen, besser schlafen.

Bewegung gehört generell – ob in der Therapie oder im normalen Leben – einfach dazu. Dabei ist es erst mal egal, ob man die Treppe statt der Rolltreppe nimmt oder eine Fitness-App nutzt. 15 Minuten am Tag hat einfach jeder Zeit dafür. Wichtig ist, für sich den richtigen Zeitpunkt am Tag zu finden. Bei mir ist das zum Beispiel morgens, bevor der Alltag anläuft. Die Folgen aus mehr Bewegung und Natur im Alltag sind für mich absolut erstrebenswert: ein gesünderes Leben, mehr Energie und Wohlbefinden, mehr Leistungsfähigkeit, glücklichere Menschen und vieles mehr.

Andrea: *Wirkt sich die Bewegung draußen in der Natur dabei besonders vorteilhaft auf uns aus?*

Sibylla: Ich sage »Ja«, auch wenn es in dem Feld wenig Studien gibt, die dies belegen, weil die vielen Variablen in der Natur einheitliche Forschungsbedingungen erschweren. Wir wissen beispielsweise, dass das Sonnenlicht viel mit uns macht. Dabei ist ein wichtiger Nutzen die Produktion von Vitamin D durch die Haut bei Sonnenexposition. Vitamin D spielt eine wesentliche Rolle bei der Aufrechterhaltung der Knochengesundheit und stärkt das Immunsystem. Darüber hinaus kann Sonnenlicht die Stimmung verbessern, indem es die Produktion von Serotonin, einem Neurotransmitter, der das Wohlbefinden fördert, stimuliert. Dennoch ist es wichtig, sich vor übermäßiger Sonneneinstrahlung zu schützen, um das Risiko von Sonnenbrand und Hautkrebs zu minimieren.

Außerdem haben wir draußen weniger beziehungsweise andere Geräuschkulissen. Ein Bachrauschen wirkt faktisch anders auf uns als ein mit Menschen überfülltes Fitnessstudio. Aus meiner Erfahrung und Beobachtung kann ich sagen, dass sich die positiven Reize in der Natur durchaus vorteilhaft auf unsere Gesundheit auszuwirken scheinen. Spannend finde ich in dem Kontext auch die Blue Zones. Das sind Zonen auf der Erde, wo Menschen besonders alt werden und häufig glücklicher sind als anderswo. Die Forschung hat ergeben, dass Ernährung, Community (soziale Interaktion) und Bewegung hier eine besonders wichtige Rolle spielen. Dazu zählen aktuell fünf Regionen in Italien, Japan, Costa Rica, Griechenland und Kalifornien.[81]

»Gesundheit ist nicht alles, aber ohne Gesundheit ist alles nichts.«
ARTHUR SCHOPENHAUER

Andrea: *Welche Komponenten neben Bewegung und Natur würdest du ganz besonders ManagerMamas und allgemein Frauen ans Herz legen?*

Sibylla: Schlaf! Das ist das Allerwichtigste und bleibt gerade bei Mamas von kleineren Kindern auf der Strecke. Es ist essenziell, für guten Schlaf zu sorgen und gewisse Schlafhygiene-Themen, wie zum Beispiel feste Schlafzeiten oder kein Kaffee am Abend, einzuhalten und auf eine ideale Schlafumgebung (Lichtquellen eliminieren und eine Temperatur von circa 16 bis 18 Grad Celsius) zu achten.[82] Und darüber hinaus gilt es natürlich, Stress zu reduzieren und sich gesund zu ernähren – es sind immer wieder dieselben Komponenten. Diese sind aber auch das A und O, um einerseits eine gute Mama sein und andererseits einen guten Job machen zu können. Außerdem sind sie Grundlage für die eigene Fitness, Leistungsfähigkeit und Stressresilienz. In meiner Zeit in der Klinik ohne Sport bin ich abends nach Hause gekrochen. Seit ich morgens mein Yoga und meine Atemübungen mache, ist der Tag einfach ein anderer. Das merkt man besonders in herausfordernden Momenten mit Patienten oder Kindern, man ist dann einfach resilienter.

Andrea: *Wie schaffe ich es jetzt, diese Dinge raffiniert in den Alltag zu integrieren, und welche Tipps hast du noch für uns?*

Sibylla: Das ist nicht immer einfach, aber unterm Strich gilt: Struktur, Struktur, Struktur. Gegebenenfalls mit Unterstützung – ob durch einen Personal Trainer oder Ernährungsberater. Man gibt für so viele Dinge viel Geld aus, dann lohnt es sich erst recht für das eigene Ich. Ich hatte Phasen, in denen ich außer arbeiten nichts für mich getan habe und abends einfach nur k. o. nach Hause kam. Das wurde natürlich ohne Ausgleich in Form von Bewegung nicht besser. Es geht also darum, seinen Weg zu finden, um die verschiedenen Facetten im Leben in Balance zu bringen, mit dem Ziel, sich wohlzufühlen und dabei fit und gesund zu bleiben. Wie man das schafft?

Der Mensch braucht Rituale. Die geben eine gewisse Sicherheit und Ruhe. Es ist bekannt, dass es durchschnittlich 66 Tage dauert, bis man gewisse Angewohnheiten übernommen hat. Bis dahin ist das »Neue« etwas mühsamer, aber ab dann gehört es einfach zum Leben dazu.

Außerdem hilft es immer, klein anzufangen, denn das führt zu langfristigem Erfolg. Zehn Minuten Atemübungen am Tag haben bereits eine positive Wirkung auf das autonome Nervensystem und reduzieren Stress spürbar. Sie können somit schon der Türöffner sein zu einem ganz neuen Wohlbefinden und Leistungsniveau. Das kostet nichts, außer es gegebenenfalls einmal zu lernen. Das Atmen ist übrigens etwas, das man schon Kinder lehren sollte. Und darüber hinaus: Wenn Kinder von klein auf sehen, dass sich die Mama um sich kümmert, sich bewegt etc., lernen sie das schon von klein auf als Teil ihres Alltags. Nach einer Weile kann ich mein Programm dann langsam ausweiten: beispielsweise morgens zehn Minuten Kräftigungsübungen, abends zehn Minuten Atmen. Zudem vielleicht eine neue Wochenendroutine mit der Familie einführen: die Essensplanung und -vorbereitung für die kommende Woche.

Gerade Menschen mit einer Doppel- oder Mehrfachbelastung brauchen den Bewegungsausgleich und die gesunde Ernährung, denn umso leichter und gesünder gehen sie durch den Tag. Aufgaben lassen sich einfacher bewältigen. Körperliche, geistige und seelische Gesundheit sind in Kombination der Dreh- und Angelpunkt für kontinuierliche Leistung. Motivationskick dabei: sich für Erfolge feiern, seien sie noch so klein.

Andrea: *Wie stehst du zu der Frage »ManagerMama – Illusion oder Realität?«?*

Sibylla: Realität mit vielen ifs. Es gibt genügend Frauen, die das Zeug dafür und Lust dazu haben, aber es braucht ein phänomenales Netzwerk an Unterstützung, die Arbeitswelt muss sich noch deutlich weiterentwickeln und nicht zu unterschätzen: Die nächste Generation hat andere Erwartungen!

■ ■ ■

Vorteile für Unternehmen

Erfolgstreiber ManagerMama

Neben der Mutterperspektive und den Möglichkeiten, die jede Frau für sich nutzen kann – von der persönlichen Entscheidung über die eigene Balance der unterschiedlichen Säulen im Leben bis zu den Allianzen mit ihresgleichen –, hängt ein erfolgreiches Modell der Doppelrolle auch an der Offenheit der Mitspieler:innen. Das persönliche Umfeld, vor allem der Arbeitgeber, muss das Spiel genauso mitgewinnen (wollen).

Optimistisch, wie ich bin, unterstelle ich hier, dass es am Wollen in den meisten Fällen nicht scheitert. Vielmehr mangelt es an der Priorisierung, der Umsetzungskraft oder auch den Kenntnissen in diesem Bereich. Das liegt einerseits in Unternehmenshand, andererseits können motivierte Arbeitnehmerinnen selbst zum Fortschritt beitragen, indem sie die Vorteile für Unternehmen in ihre Gespräche und Argumentationen aufnehmen. Der Schritt wird sich lohnen, denn für Unternehmen habe ich gute Nachrichten:

■ Mamas sind starke Intrapreneure, da sie, wenn sie in Führung zurückkehren, maximal für ihre Rolle brennen und mit hoher Loyalität glänzen.

- Mamas bringen Kompetenzen der Zukunft mit, die eine perfekte Ergänzung zu den männlichen Stärken darstellen: darunter Empathie, hohe Organisationsfähigkeit, Kommunikationsstärke und natürliche Selbstreflexion.
- Vollzeit ist kein Erfolgsmesser, da erfahrungsgemäß die Effizienz und der Output von Mamas in Teilzeit sogar höher sind als in Vollzeit.
- Die Optionen gangbarer Arbeitsmodelle – von Teilzeit über Jobsharing bis zu Doppelspitzen (Shared Leadership) – werden bereits erfolgreich vorgelebt.
- Mamas entscheiden schneller durch die Kombination aus emotionaler Intelligenz, Multitasking-Fähigkeiten und Effizienz. Das Entscheiden trainieren sie mit Kindern permanent.
- Im Krisenmanagement sind Mamas ebenfalls besonders gefragt. Sie sind es gewohnt, in Stressmomenten ruhig und besonnen zu handeln. Sie führen Teams mit kühlem Kopf durch unsichere Phasen.
- Das Einbeziehen von Mamas in Führungspositionen ist ein starkes Signal für die Förderung von Vielfalt und Inklusion. Sie stärken die Unternehmenskultur und dienen als Vorbilder.

Warum tun wir uns also – insbesondere im Mittelstand – so schwer, die Türen für Frauen respektive Mütter in Führungsrollen zu öffnen? Ich weiß, es gibt Ausnahmen. Dennoch frage ich mich immer wieder, wo die Perlen im Mittelstand sind. Unternehmer:innen, holt sie euch und seid offen für diese Chance! Und an alle Frauen, die sich für die Doppelrolle entscheiden: Zeigt eure Stärken, setzt sie selbstbewusst und unvoreingenommen ein, denn am Ende haben beide Seiten einen Mehrwert davon. Ein Win-win-Modell, das zum Greifen nahe liegt.

Moderne Arbeitsmodelle für ManagerMamas

Schon heute gibt es eine Vielzahl an Arbeitsmodellen für Eltern in Führungspositionen – hier ist es tatsächlich zweitrangig, ob für Mütter oder Väter. Schließlich möchten immer mehr Väter mehr Verantwortung für die Familie übernehmen. Doch auch ein Mann der »in Teilzeit arbeiten will, muss sich in vielen Branchen immer noch erklären und rechtfertigen«, bestätigt Kim Bäuer, Professorin für Soziale Arbeit, die mit ihrem Team 3000 von Vätern beantwortete Fragebögen sowie 55 Interviews zum Thema analysiert hat.[83]

Es folgt daher ein Exkurs zu Arbeitsmodellen, die sich für Mütter sowie Väter besonders gut eignen. Das Ganze ist unterlegt mit Beispielen aus der Praxis anhand von Personen beziehungsweise Unternehmen. Weitere Vorbilder kommen im Anschluss mit diversen Statements zu Wort und ich behaupte, von diesen Vorzeigeexemplaren kann es gar nicht genug geben. Nun aber zu den Arbeitsmodellen:

1. **Flexibles Arbeiten / Telearbeit:**
   Dieses Modell ermöglicht es, sowohl aus dem Büro als auch von zu Hause oder von einem anderen Ort aus zu arbeiten. Das umfasst flexible Arbeitszeiten, die auf die Bedürfnisse der Familie abgestimmt sind. Gut zu wissen: Rechtlich unterscheiden sich Telearbeit und Homeoffice voneinander, auch wenn die Begriffe oft synonym verwendet werden.[84]

   Beispiele: Mittlerweile bieten sechs von zehn deutschen Unternehmen Homeoffice an.[85] Darunter sind vor allem Industrie- und Dienstleistungsunternehmen, wie zum Beispiel die Hamburger Sparkasse, die Zurich Gruppe, die Alfred Kärcher SE & Co. KG, das Reisebüro Papendick GmbH & Co. KG oder die projekt w Systeme aus Stahl GmbH.[86]

2. Remote-First-Unternehmen

Von der hybriden Form zu unterscheiden: Unternehmen, die vollständig oder hauptsächlich remote arbeiten. Sie bieten Mitarbeitenden, einschließlich Führungskräften, maximale Flexibilität hinsichtlich ihres Arbeitsortes.

Beispiel: Ein bekanntes Unternehmen, das dieses Konzept seit vielen Jahren lebt, ist die Wildling Shoes GmbH unter der Leitung von unter anderem Anna Yona.[87] Auch ich kann mich hier mit meinem Team einreihen – das funktioniert wunderbar.

3. Jobsharing / Führungs-Tandem

Zwei oder mehr Personen teilen sich eine Führungsposition, wobei jede Person für einen Teil der Woche oder bestimmte Aufgaben verantwortlich ist.

Beispiel: Fränzi Kühne, CDO der edding AG, teilt sich ihre Rolle seit zwei Jahren mit Boontham Temaismithi. Dazu gehört Mut, Offenheit und je nach Unternehmen müssen Strukturen angepasst werden. Folgende Aussagen von Fränzi Kühne in einem Interview mit ntv[88] geben einen Einblick:

»Das Jobsharing funktioniert super! Aber das war auch nicht von Anfang an so. (…) Vertraglich teilen wir uns eine Stelle, wir arbeiten aber beide zu 60 Prozent. Jobsharing klingt zwar nach 50 / 50, aber mit weniger kommt man nicht aus. (…) Man muss sich sicher sein, dass der Partner im Job nicht eine eigene politische Agenda verfolgt und auf einmal sagt, eigentlich will ich die Position für mich ganz allein haben. (…) Wir verzichten gerade auf 50 Prozent der Bevölkerung, weil Führung und geteilte Führung nicht in die Köpfe reingehen.«

Das Problem: »Nur die wenigsten wollen ihre Macht im Job teilen«, so Fränzi Kühne. Das Problem sollten wir mal schleunigst ablegen. Das ist ziemlich altmodisch, egozentrisch und ziemlich unsexy aus meiner Sicht.

4. Komprimierte Arbeitswoche

Die Arbeitsstunden einer vollen Woche werden in weniger Tage gepackt, was längere Wochenenden und mehr Zeit mit der Familie ermöglicht.

Beispiel: Hierfür habe ich kein prominentes Beispiel. Ich kenne aber Bekannte, die dieses Modell leben, um am Wochenende mehr Zeit am Stück für Familie, Hobbys oder Freunde zu haben. Es liegt also in der Hand des Unternehmens, diese Option mit anzubieten im Sinne der familienfreundlichen Arbeitgeberattraktivität.

5. Teilzeitführung

Eine Führungskraft arbeitet weniger als die übliche Vollzeit, behält aber ihre Rolle und Verantwortlichkeiten bei, angepasst an die reduzierten Stunden.

Beispiel: Kerstin Breckow, Senior Managerin bei EY, arbeitet in Teilzeit. In einem Interview mit dem STRIVE Magazin sagt sie: *»Priorisierung ist das A und O: Was steht an? Was kann noch eine Weile liegen bleiben? Und was ist zeitlich einfach nicht drin? Ich habe gelernt, Grenzen zu setzen und Aufgaben abzugeben.«* Sie beschreibt außerdem ein sehr spannendes Add-on, das Eltern helfen kann: *»Für den Fall, dass jemand kein Homeoffice machen kann, gibt es in einigen Büros Familienräume. Man kann die Kinder also stunden- oder auch tageweise mit ins Büro nehmen, dort arbeiten und die Kinder trotzdem selber betreuen.«*[89]

6. Unternehmen mit angegliederter Kinderbetreuung / Schule

Gerade in der Phase vom Kleinkind- bis zum Grundschulalter sind Unternehmen mit angegliederter Kinderbetreuung oder sogar einer Schule ein attraktiver Arbeitgeber für Eltern in Führung.

Beispiel: Ein größerer Mittelständler aus Baden-Württemberg: die Tochtergesellschaft der Groz-Beckert KG, die Kita und Grundschule Malesfelsen GmbH. Sie ist »davon überzeugt, dass Kinder und Beruf miteinander vereinbar sind – ohne Kompromisse bei der Betreuungsqualität zu machen«, wie sie auf ihrer Website schreibt.[90]

Die Kunst liegt in der Auswahl von Modellen, die zum Unternehmen und zu ManagerMamas passen.

Wie so oft liegen die Möglichkeiten vor der Tür, zum Greifen nah. Für alle Modelle gibt es bereits Erfolgsgeschichten und wie bei allem gehen mit jedem Modell sowohl Vor- als auch Nachteile einher. Die Kunst liegt in der Auswahl, die zum jeweiligen Unternehmen sowie den ManagerMamas oder ManagerPapas passt. Dabei ist es besonders wichtig, die eigene Flexibilität und Offenheit maximal hochzuhalten und immer wieder Pilotmodelle zu starten, um neue Erfahrungen zu sammeln. Nicht selten werden diese innerhalb kürzester Zeit zum Selbstläufer. Anderenfalls kann daran justiert oder ein weiteres Modell getestet werden. Nur nichts tun wäre der falsche Ansatz, wie die Beispiele eindrücklich zeigen.

Für Mütter und Väter in Führungspositionen ist mit entsprechender Organisation natürlich auch Vollzeit eine Option und zugleich die am stärksten verbreitete. Ich selbst habe das Jahr 2020, das war das erste Coronajahr und meine Kinder waren damals drei Jahre alt, als Head of Marketing mit 40 Stunden pro Woche durchgezogen. Warum? Weil es unternehmensseitig erforderlich war und ich weder mein Team noch meinen Arbeitgeber hängen lassen wollte. Auch heute arbeite ich als Unternehmerin wieder in Vollzeit, wenn auch mit der Flexibilität, die ich brauche. Doch für die ganze Familie sind oftmals 60 bis 80 Prozent realistischer, um sowohl die Lebensqualität als auch die Energie im Job und für die Familie hochzuhalten.

Führung in Teilzeit

Aus meiner eigenen Erfahrung bringen Teilzeitmodelle für Manager-Mamas sowohl für die Arbeitgeber als auch für die Arbeitnehmerinnen handfeste Vorteile mit sich. Dazu zählen untern anderem:

Als Arbeitgeber:in:

- Ich habe entspanntere, energievolle statt überlasteter oder demotivierter Managerinnen an Bord.
- Mütter kehren mit all ihrer persönlichen Expertise tendenziell schneller zurück in den Job.
- Ein Arbeitgeberwechsel ist deutlich unwahrscheinlicher.
- Das Modell ist für Arbeitgeber eine echte EVP (Employer Value Proposition) und steigert somit die Arbeitgeberattraktivität.

ManagerMamas werten die Unternehmenskultur auf, indem sie Authentizität, Energie und Willenskraft vorleben.

Als Arbeitnehmer:in:

- In Teilzeit ist die Gesamtorganisation von Job und Familie einfacher.
- Mütter kehren früher in den Job zurück und bleiben somit besser am Ball, was entscheidend sein kann, um langfristig im Berufsleben präsent und relevant zu bleiben.

- Teilzeit ermöglich mehr Zeit für diverse Komponenten: persönliche Interessen, Erholung, die Familie und trotzdem auch die berufliche Verwirklichung.
- Managerinnen in Teilzeit können ein wichtiges Vorbild für andere Frauen sein, indem sie zeigen, dass es möglich ist, berufliche Ambitionen mit familiären Verpflichtungen in Einklang zu bringen.
- Studien zeigen, dass Teilzeitarbeitende oft produktiver sind während der Stunden, die sie arbeiten. Das liegt daran, dass sie ihre Arbeitszeit effizienter nutzen und motiviert sind, ihre Aufgaben in kürzerer Zeit zu erledigen.

Wer in die Teilzeitthematik deutlich tiefer einsteigen will und sich einen praktischen Wegweiser für dieses Modell wünscht, dem empfehle ich das Buch von Teilzeitexpertin Johanna Fink: »So wird Führung in Teilzeit zum Erfolg!«[91]

Abschließend bleibt zu sagen: Die Rahmenbedingungen müssen zu beiden Seiten – Arbeitgeber:in und Arbeitnehmer:in – passen, doch vor allem geht es um das Tun. Dabei ist es wichtig, dass beide Seiten Hand in Hand die Voraussetzungen und die Offenheit mitbringen und dann: einfach machen.

Das sagen Unternehmer:innen und Personalverantwortliche

Um die Sicht von Unternehmer:innen und Personalverantwortlichen noch besser zu verstehen, habe ich einige gefragt, wie sie zu Müttern in Führung stehen, welche Voraussetzungen sie für wichtig halten und welche Hürden es aus ihrer Sicht zu nehmen gilt.

Eine klare Meinung in zweierlei Dimensionen hat dazu *Sandra Zemke*, CEO der anonyfy GmbH und Mutter eines 14-jährigen Kindes:

> *»Frauen werden im Arbeitsleben strukturell diskriminiert, insbesondere, wenn sie Mütter sind. Dies zeigt sich besonders bei der Beförderung und Leistungsbeurteilung von Frauen in Führungspositionen. Unternehmen dürfen auf diese Potenziale nicht länger verzichten und müssen daher insbesondere bei der Auswahl von Führungskräften auf valide Rekrutierungsmethoden zurückgreifen. Psychologie, Soziologie und Rechtswissenschaft sind sich einig: Nur durch Anonymisierung kann ein faires Verfahren gewährleistet werden.«*

Die anonymisierte Vorgehensweise ermöglicht es, Vorurteile zumindest im Rekrutierungsprozess auszuschalten, was die Chancengleichheit erhöhen dürfte. Dass wir hier noch Hausaufgaben haben, bestätigt auch *Martin Philipp*, Co-CEO von Evalanche und Vater von Kindern im Alter von 12 und 17 Jahren, indem er sagt:

> *»ManagerMamas sind für Unternehmen unverzichtbar, da sie Multitasking und Zeitmanagement per excellence meistern. HR sollte dementsprechend Stereotype abbauen und flexible Modelle schaffen, die ihre Karrieren unterstützen.«*

Mit Martin Philipp habe ich schon vor drei Jahren ein spannendes Interview für meinen Blog ManagerMama.de geführt. In diesem Interview[92] findet ihr ein ausführliches Bild zu seiner klaren Positionierung für ManagerMamas. In Bezug auf die Unternehmersicht wollte ich unbedingt auch eine Einschätzung der Gründerin und geschäftsführenden Inhaberin der Concept of worq GmbH, *Sarah Drücker*. Sie ist zweifache Mutter von Kindern im Alter von vier und sieben Jahren. Sarahs Meinung hierzu interessierte mich aus zwei Gründen besonders: zum einen, weil sie selbst Unternehmerin ist, zum anderen, weil sie täglich mit Mitarbeitenden aus Unternehmen arbeitet, für die Vereinbarkeit von Beruf und Familie bereits einen hohen Stellenwert im Alltag einnimmt. Vor diesem Hintergrund habe ich von Sarah Drücker nicht nur ein Statement, sondern einen Blick in die Tiefen der Vereinbarkeit aus Expertensicht eingeholt. Sie beschreibt die Situation so:

»Ich unterscheide Vereinbarkeit auf drei Ebenen:

1. *Privat – Vereinbarkeit am Küchentisch*
   Welche Rahmenbedingungen und Unterstützungssysteme habe ich in meinem privaten Umfeld durch Familie, Freunde, Partner:innen etc.?

2. *Gesellschaftspolitisch*
   Was wirkt sich auf meine aktuelle Situation aus, wie zum Beispiel Steuergesetze, Betreuungs- und Bildungseinrichtungen, gesellschaftliche Rollenbilder etc.?

3. *Wirtschaftlich*
   Wie ist mein berufliches Set-up? Welche Rahmenbedingungen werden mir geboten, die auf meine Vereinbarkeit einzahlen? Dazu zählen Arbeitsmodelle, lebensphasenorientierte Unterstützungssysteme für Betreuung, Pflege, Hobbys, Haustiere sowie: In welcher Unternehmenskultur bewege ich mich?

Außerdem ist Diversität, von Studien mehrfach belegt, der Schlüssel zum Erfolg. Diverse Führungsteams, auch in Teilzeitmodellen, die auf gleicher Position arbeiten, eignen sich hervorragend, um einen Kulturwandel anzustoßen und in der Führungsebene erfolgreich zu starten.

Worauf sollten HRler (vielleicht besonders Männer?) beim Recruiting achten, damit ManagerMamas die gleichen Chancen wie andere Frauen und Männer bekommen (Stichwort: Stereotype)? Beispielsweise lohnt es sich, sich bewusst folgende Fragen zu stellen, um sie bei einer Beantwortung mit ›Ja‹ konsequent zu überdenken:

- *Bewerte ich private Situationen mit althergebrachten Rollenmustern?*
- *Verwende ich Sätze wie ›Wer passt dann auf die Kinder auf?‹ in meinen Gesprächen?*
- *Depriorisiere ich Elternskills aktuell oder habe sie gar nicht auf der Agenda?*

Dieses Umdenken birgt große Chancen in sich: Denn einerseits tut es jedem gut, positives Denken zu erlernen, und andererseits kann man sich selbst schulen, um Elternskills als Führungskompetenzen wahrzunehmen und positiv zu bewerten. Als Vorbild fungieren hier die skandinavischen Länder. Hier wird Elternzeit geschlechterübergreifend als wertvolle Zusatzqualifikation in der Arbeitswelt bewertet. Welche Rahmenbedingungen sollte ein Unternehmen daher bieten, um für ManagerMamas bereit zu sein?

- *Passende Unternehmenskultur*
- *Flexbilität und ein offenes Mindset*
- *Chancenorieniertes Denken*
- *Bereitschaft für einen Changeprozess, der alle Mitarbeitenden braucht*
- *Lebensphasenorienterte Betrachtung: Welche Mitarbeitenden / Mütter arbeiten bei uns und was brauchen sie? Zum Beispiel hat die Mutter eines 14-jährigen Teenagers andere Bedürfnisse und Needs als die Mutter von einem Säugling oder Kindergartenkind. Unternehmen sollten hier genauso mitwachsen und ihre Angebote kontinuierlich anpassen.*

Dezidierte Ansprechpartner:innen für das Thema Vereinbarkeit sind deshalb immer mehr im Kommen. Außerdem unterstützen Multipli-

katoren aus dem Unternehmen dabei, individuelle Maßnahmen und Angebote, die das Unternehmen bietet, in der Unternehmenskultur zu verankern. Wer heute auf Vereinbarkeit setzt, investiert in den Erfolg von morgen: Mit der Vereinbarkeit von Privat- und Berufsleben steigen Zufriedenheit, Motivation, Identifikation, Gesundheit und Produktivität der Mitarbeitenden. Parallel dazu sinken Personalfluktuation, Fehlzeiten und Überforderung. Win-win-win: Für ManagerMamas, alle Mitarbeitenden und Unternehmen ist das Thema daher gleichermaßen interessant.«

Das ist schon fast ein Leitfaden für Unternehmen, der auf der anderen Seite zeigt, dass das Thema vielschichtig und nicht ganz so trivial ist, wie man vielleicht manchmal meinen könnte oder es öffentlich dargestellt wird. Gleichzeitig zeigt es, dass ein zukunftsfähiges Unternehmen das Thema nicht ausblenden darf. Man kann es vor sich herschieben, aber es wird kommen. Wenn es mir wichtig ist, die besten Teams zu kreieren und Talente von morgen zu gewinnen, dann empfiehlt es sich, die Prokrastination in dieser Hinsicht lieber früher als später abzustellen.

Christoph Adamczyk, Geschäftsführer der itdesign GmbH, Vater von zwei Kindern im Alter von zehn und 13 Jahren, hat in seinem Unternehmen mit über 200 Mitarbeitenden bereits sehr gute Erfahrungen mit Müttern wie auch Vätern in Führung gemacht:

»Erfolgreiche ManagerMamas beweisen eine gesunde Mischung aus Ambition, Spaß bei der Arbeit und Flexibilität. Bei uns im Unternehmen brachten in vielen Fällen die Kinder Fokussierung, eine flexiblere Gestaltung der Arbeitszeit und Offenheit für neue Themen mit sich. Das gilt auch für die Führungsriege und die ManagerPapas. Kinder als Grundvoraussetzung und ein gleichberechtigtes Menschenbild der Unternehmensführung bedingen das erfolgreiche Füreinander.«

Nicht zu vergessen sei dabei immer wieder der Blick auf die verschiedenen Generationen. Denn die Mütter von morgen sind die jungen Generationen und Berufseinsteigerinnen von heute. Viele von ihnen haben bereits klare Vorstellungen davon, wie sie arbeiten möchten, was ihnen besonders wichtig ist und was für sie gar nicht geht. Das bestätigt *Julia Kahle*, CEO Heynanny und Mutter von Kindern im Alter von neun und zwölf Jahren, mit ihrer Aussage:

»In Zeiten hoher Wechselbereitschaft gerade junger Arbeitnehmender sind gute Rahmenbedingungen, flexible Arbeitsvereinbarungen und Care-Benefits für berufstätige Väter und Mütter ein starkes Signal und erhöhen die Bindung ans Unternehmen.«

Werfen wir ergänzend einen Blick auf die Perspektive der Personalabteilung und in Richtung Personalverantwortliche. *Andreas Günzel*, CEO der HR runs GmbH, weiß mit all seiner Erfahrung aus 17 Jahren Personalarbeit im Unternehmen und heute als Berater auf diesem Gebiet:

»HR-Verantwortliche sollten beim Recruiting auf Folgendes achten: ein klar definiertes und präzises Anforderungsprofil, den Einsatz valider Auswahlmethoden und standardisierter Interviewtechniken. Nur so lassen sich objektive Entscheidungen treffen und Chancengleichheit fördern. Außerdem müssen Unternehmen auch während der Schwangerschaft und Elternzeit sowie bei der Kinderbetreuung Unterstützung anbieten – zum Beispiel durch spezialisierte Mentoring-Programme oder ein Buddy-System, um die kontinuierliche Vernetzung, den Informationsfluss und das Aufrechterhalten der beruflichen Kompetenzen während der Elternzeit sicherzustellen.«

Hierfür sind wiederum Vereinbarkeitsmanager:innen, wie von Sarah Drücker beschrieben, hervorragende Satelliten im Unternehmen. Aus meiner Zeit in mittelständischen Firmen weiß ich noch gut, dass für

Sonderprojekte oder neue Themen in HR fast immer die Ressourcen fehlten. Doch dürfen diese Themen nicht zu kurz kommen. Sie sind kein Projekt oder Versuchsballon, sondern Pflichtprogramm für eine Zukunft, in der Mitarbeiterbindung und das Finden der idealen Kandidat:innen die großen und wertschöpfenden Ziele sind. Die andere Seite der Medaille ist immer die, wie ich mich privat dazu aufstelle.

Ebenfalls aus dem Blick einer Unternehmerin, die schon viele Jahre erfolgreich den Agenturmarkt bereichert, verrät *Corinne Nauber*, Geschäftsführende Gesellschafterin der Langenstein Communication GmbH und Mutter eines Kinds von 17 Jahren:

»Die Vereinbarkeit von Familie und Karriere ist für mich als Unternehmerin immer auch eine Frage der Organisation. Das beginnt – so unromantisch das klingen mag – tatsächlich mit einem modernen Rollenverständnis in einer Partnerschaft auf Augenhöhe. In verantwortungsvollen Positionen braucht es verlässliche Strukturen im Hintergrund, dafür muss man gerade in den Anfangsjahren zu investieren bereit sein. Das Setzen von Prioritäten bleibt auch dann noch ein ständiger Balanceakt mit individuell definierten Spielregeln.«

In der Theorie sind sich viele Unternehmer:innen und Personalverantwortliche einig: Chancengleichheit und die Vereinbarkeit von Karriere und Familie sind für Unternehmen wichtig. In der Praxis gibt es bereits großartige Vorbilder, nur noch viel zu wenige, denn wir brauchen eine Flächendeckung – diejenigen, die hier nicht mitziehen, werden das in einigen Jahren auch spüren, daher lohnt es sich, jetzt umzudenken.

Zusammenfassend lassen sich aus diesen Statements eindeutige Fakten und konkrete Ansätze für Unternehmen ableiten:

1. **Strukturelle Diskriminierung und Stereotype**
Frauen, insbesondere Mütter, werden im Arbeitsleben strukturell benachteiligt, was sich in Bereichen wie Beförderung und Leistungsbeurteilung zeigt. Es liegt also noch ein Weg vor uns, den es sukzessive zu gehen gilt. HR-Verantwortliche sollten sich bewusst gegen stereotype Bewertungen stellen und Elternskills als Führungskompetenzen anerkennen.

2. **Valide Rekrutierungsmethoden**
Ob Bias-freie Stellenanzeigen oder ganzheitlicher anonymer Bewerbungsprozess – valide Rekrutierungsmaßnahmen gewährleisten eine faire Auswahl von Führungskräften. Außerdem helfen sie, strukturelle Diskriminierung zu vermeiden.

3. **Diversität und lebensphasenorientierte Bedürfnisse**
Diverse Führungsteams, auch in Teilzeitmodellen, sind für den Erfolg von Unternehmen entscheidend. Sie können einen positiven Kulturwandel anstoßen und die Unternehmensleistung verbessern. Dabei sollten Unternehmen Bedürfnisse ihrer Mitarbeiter:innen je nach Lebensphase (er)kennen und ihre Angebote entsprechend anpassen.

4. **Vereinbarkeitsmanagement auf drei Ebenen**
Die Vereinbarkeit von Beruf und Familie ist auf privater, gesellschaftspolitischer und wirtschaftlicher Ebene zu betrachten. Dabei bietet jede Ebene spezifische Herausforderungen und Lösungsansätze. Die Einführung spezialisierter Rollen oder Teams, die sich um die Vereinbarkeit von Beruf und Familie kümmern, kann die Mitarbeiterzufriedenheit und -bindung erhöhen.

5. Flexibilität und offenes Mindset

Für die Unterstützung von ManagerMamas und zur Förderung der Vereinbarkeit von Familie und Karriere ist eine flexible, offene und chancenorientierte Unternehmenskultur erforderlich. Dazu zählen die Einführung flexibler Arbeitsmodelle und Teilzeitführung. Allerdings nicht nur auf dem Papier, sondern offen kommuniziert und auf allen Ebenen vorgelebt. Gut funktioniert, was man auch gerne weiterempfiehlt. So kommt der Botschafterzug direkt ins Rollen.

6. Unterstützende Unternehmenskultur

Unternehmen sollten generell eine Kultur fördern, die Vielfalt wertschätzt, Flexibilität bietet und lebensphasenorientierte Unterstützungssysteme bereitstellt. Der Wohlfühlfaktor und die Identifikation mit einem Unternehmen und dessen Purpose beeinflussen die Mitarbeiterbindung und erhöhen die Arbeitgeberattraktivität maßgeblich.

Diese Punkte verdeutlichen, dass eine zukunftsfähige Unternehmensführung die Vereinbarkeit von Familie und Karriere aktiv unterstützen und fördern muss. Dabei ist es entscheidend, strukturelle Herausforderungen zu erkennen und durch gezielte Maßnahmen zu adressieren, um eine inklusive und leistungsfähige Arbeitsumgebung zu schaffen.

8. Resümee: Grenzen auflösen und Chancen ergreifen

Mein Resümee: Wenn wir gesellschaftliche Barrieren überwinden, selbstbewusst unsere Stärken präsentieren und einsetzen und an den unternehmerischen und politischen Rahmenbedingungen weiterarbeiten, bieten sich uns vielfältige Möglichkeiten. Es ist ein Appell, veraltete Normen zu hinterfragen und eine inklusivere Zukunft zu schaffen, in der Familie und Karriere nicht als Gegensätze gesehen werden, sondern als komplementäre Bestandteile eines erfüllten Lebens.

Ich fordere dich auf, aktiv an der Gestaltung dieser Zukunft mitzuwirken, indem du dich für Veränderungen in der Arbeitswelt einsetzt, die es allen ermöglichen, sowohl berufliche als auch familiäre Ziele zu verfolgen. Schließlich können jede:r Einzelne und die Gesellschaft insgesamt von einer gerechteren, flexibleren und familienfreundlicheren Arbeitswelt profitieren.

Meine Kernbotschaft lautet: Wir befinden uns mitten im Prozess, Familie und Karriere vereinbar zu machen. Vorbilder sind bereits da und sie zeigen, dass es möglich ist. Doch es ist noch ein weiter Weg, bis die Vereinbarkeit von Familie und Karriere zu 100 Prozent salonfähig sein wird – frei von Vorurteilen und Hürden. Meiner Vision füge ich hiermit erstmals eine Jahreszahl zu: Bis 2035 sollten wir es schaffen! Was zählt, ist, dass wir nicht müde werden, Grenzen aufzulösen und

Chancen zu ergreifen. Dass jede Mutter, die Karriere machen möchte, dieselben Möglichkeiten erhält wie eine kinderlose Person. Das erfordert teilweise neue Rahmenbedingungen, wie mehr Flexibilität und ein familienfreundliches Mindset in unseren Unternehmen. Das bedeutet zugleich nicht, dass überall Sonderregelungen nötig sind. Oft genügt es, ein tragfähiges Modell für beide Seiten zu schaffen. Denn so sichern sich Unternehmen Top-Talente und es stehen noch mehr Mütter als qualifizierte, motivierte Fachkräfte zur Verfügung.

Als Mutter muss ich zu mir selbst ehrlich sein – herausfinden, was ich wirklich will – und dann den Weg meiner Wahl konsequent gehen. Die Rahmenbedingungen mögen sich unterscheiden, doch sie müssen ein individuell stimmiges Gesamtpaket ergeben.

Realitäten werden erschaffen – das gilt für unseren gesamten Evolutionsprozess wie auch für jede Innovation und im Speziellen für den gesellschaftlichen Emanzipationsprozess von Frauen. Jetzt ist die beste Zeit, weiterzugehen und einfach zu machen.

Mein persönliches Ziel ist es, dass meine Söhne, die jetzt sieben Jahre alt sind, als Erwachsene selbstverständlich von einer Rollenteilung ausgehen, in der sie Frauen und Müttern beruflich und privat auf Augenhöhe begegnen.

Mein Wunsch und Teil meiner täglichen Arbeit ist es, Frauen sichtbar zu machen mit all ihren großartigen Kompetenzen und das Potenzial aufzuzeigen, das in einer gerechten, flexiblen und familienfreundlichen Arbeitswelt steckt.

Mein Rat ist es, diesen Weg – als Mama oder Unternehmen, als Partner oder Kollegin, als Eltern oder Freunde – mit Leichtigkeit und Freude anzugehen und voranzutreiben, statt verbissen und ungleich zu handeln. Es geht darum, das Mögliche vorzuleben und dadurch andere zu motivieren oder zu überzeugen, die Doppelrolle mit Leidenschaft zu leben. Unternehmen werden sich dann weiter öffnen (müssen), um am Markt attraktiv zu bleiben und die besten Talente anzuziehen.

An alle Frauen: Wenn du Karriere und Familie vereinbaren willst, dann tu es. Lass dich nicht beirren und finde deinen Weg. Achte auf dich, damit du selbst in Balance bleibst, und denk an mich, wenn du merkst: Am Ende ist alles eine Frage des Wollens und der Organisation.

9. Zukunftsthese

von Simone Carstens, Geschäftsführerin Operatives Geschäft &
Finanzen (COO & CFO) der Deutsche Telekom Privatkunden-
Vertrieb GmbH

Liebe Leserinnen und Leser,

wir schließen dieses Buch mit einer leiden-
schaftlichen Vision ab – einer Vision, die darauf abzielt, die Vereinbarkeit von Karriere
und Familie bis zum Jahr 2035 zu 100 Prozent salonfähig zu machen. Diese Vision mag
heute noch wie ein fernes Ziel erscheinen.
Aber sie ist erreichbar, wenn wir gemeinsam
daran arbeiten, Hindernisse zu überwinden
und Chancen zu ergreifen. In den vergangenen
Jahren haben wir bereits bedeutende Fortschritte auf dem Weg zu einer umfassenden Vereinbarkeit
von Beruf und Familie gemacht. Flexible Arbeitsmodelle, Elternzeit,
Kinderbetreuungseinrichtungen und ein Umdenken in der Unternehmenskultur sind nur einige Beispiele für Maßnahmen, die dazu
beigetragen haben, die Balance zwischen Arbeit und Familie zu erleichtern.

Doch trotz dieser Fortschritte stehen wir noch immer vor zahlreichen
Herausforderungen. Stereotype und traditionelle Rollenbilder in Be-

zug auf Geschlecht und Familienaufgaben bestehen fort. Sie beeinflussen weiterhin die Wahrnehmung von Elternschaft und Karriere. Viele Eltern stoßen auf Schwierigkeiten, wenn es darum geht, flexibel zu arbeiten oder angemessene Unterstützung bei der Kinderbetreuung zu erhalten. Diese Hindernisse zu überwinden, erfordert nicht nur politische Maßnahmen, sondern auch ein Umdenken in der Gesellschaft und in den Unternehmen.

Auf dem Weg zu einer vollständigen Vereinbarkeit von Karriere und Familie ist eine inklusive und unterstützende Arbeitsumgebung entscheidend. Unternehmen müssen flexiblere Arbeitsmodelle einführen. Sie sollten es Eltern ermöglichen, ihre Arbeitszeiten an ihre familiären Verpflichtungen anzupassen. Väter müssen ermutigt werden, eine aktivere Rolle in der Kinderbetreuung zu übernehmen. Und Mütter dürfen nicht länger aufgrund von Mutterschaft diskriminiert oder benachteiligt werden.

Darüber hinaus ist es wesentlich, dass politische Entscheidungsträger:innen die Vereinbarkeit von Karriere und Familie durch mutige Schritte unterstützen. Dazu gehört es beispielsweise, bezahlten Elternurlaub anzubieten, bezahlte Kinderbetreuung zu fördern und Anreize für Unternehmen zu schaffen, um familienfreundliche Maßnahmen tatsächlich mit Leben zu füllen. Es braucht diese umfassende politische Unterstützung zwingend, damit die Vereinbarkeit von Karriere und Familie zu einem Grundrecht für alle wird.

Letztendlich liegt es auch an jeder und jedem Einzelnen von uns, einen Beitrag zu dieser Veränderung zu leisten. Indem wir Stereotype überwinden, eine Kultur des Respekts und der Unterstützung fördern. Indem wir uns aktiv für die Bedürfnisse von Eltern und Familien einsetzen. So können wir eine Welt schaffen, in der niemand mehr zwischen Karriere und Familie wählen muss.

All dies wird anstrengend werden, keine Frage. Aber es wird sich zig-fach auszahlen. Eine Welt, in der Eltern ohne Schuldgefühle sowohl erfolgreiche Karrieren als auch erfüllende Familienleben führen kön-nen, ist eine Welt, die für uns alle von Vorteil ist.

In diesem Sinne lade ich dich herzlich ein, dich dieser Bewegung an-zuschließen und deinen Teil dazu beizutragen, die Vereinbarkeit von Karriere und Familie zu einer Realität für alle zu machen. Möge die-ses Buch eine Inspirationsquelle sein. Und ein Handlungsaufruf, um gemeinsam eine bessere Zukunft zu gestalten. Ich bin zuversichtlich, dass wir auf dem richtigen Weg sind und gemeinsam dem Ziel jeden Tag ein Stückchen näherkommen. Lass uns diesen Weg gemeinsam gehen.

Es lohnt sich!

Danke

Mit dem Buch »ManagerMama« habe ich mir einen Herzenswunsch erfüllt. Als Buchliebhaberin mein Herzensthema in Buchform zu veröffentlichen, bedeutet mir selbst sehr viel. Vor allem hoffe ich allerdings, dass es so viele Frauen wie möglich lesen und in den Händen halten mit dem Gedanken – »Yes, I can!«. An dieser Stelle möchte ich Danke sagen.

- Danke für deine Zeit, mein Buch zu lesen. Ich hoffe, es war kurzweilig und hat dir den ein oder anderen Impuls gegeben.
- Danke an all diejenigen, die meinen Blog *ManagerMama.de* von der ersten Stunde an unterstützen und regelmäßig lesen und damit die Idee für das Buch maßgeblich geprägt haben.
- Danke an all meine wundervollen Interviewpartnerinnen sowie die Statement-Geber und -Geberinnen in diesem Buch. Ohne euch wäre es nur halb so spannend.
- Danke an dich, Laura, und dich, Simone, für das Vorwort und die Zukunftsthese. Dieser Rahmen zeigt die große Bedeutung des Themas.
- Danke an dich, Mama. Du hast mich zu der Frau erzogen, die ich heute bin. Du hast mir Freiheiten gegeben und Grenzen erklärt und bist für mich die beste Mama der Welt.
- Danke an meine Söhne, die mir ermöglichen, die schönste Doppelrolle der Welt zu leben, und auf die ich unheimlich stolz bin. Danke natürlich auch an ihren Papa für den gemeinsamen Weg.

- Danke an dich, Papa, der mich ebenso geprägt hat und immer an meiner Seite steht. Die großartigen Illustrationen in diesem Buch stammen aus deiner Feder und sind nur ein kleines Beispiel für deinen Support.
- Danke an meine Schwester, die mich in den letzten Monaten mental und inhaltlich extrem unterstützt hat. Vor allem, wenn ich zwischen meinen Welten – Familie, Unternehmen, Schreibatelier und Co. – manchmal den richtigen Weg gesucht habe.
- Danke an die Personen, die von der Idee bis zur Veröffentlichung mit mir mitgefiebert haben, wertvolle Sparringspartner:innen für mich waren. Wissend, dass ihr hiermit gemeint seid, fühlt euch von mir gedrückt.
- Danke an den GABAL-Verlag – insbesondere Dr. Nadine Feßler, die Produktmanagerin, und meine Lektorin Susanne von Ahn sowie meine Marketingkontakte Marc Rösch und Mirjam Behnawa –, der mir mein Herzensprojekt ermöglicht hat.

Quellen und Anmerkungen

1 destatis.de: Frauenanteile nach akademischer Laufbahn (2023), URL: https://www.destatis.de/DE/Themen/Gesellschaft-Umwelt/Bildung-Forschung-Kultur/Hochschulen/Tabellen/frauenanteile-akademischelaufbahn.html, (Stand: 29.03.2024)

2 Timm Bönke, Rick Glaubitz, Konstantin Göbler, Astrid Harnack, Astrid Pape und Miriam Wetter: Wer gewinnt? Wer verliert? (2020), URL: https://www.bertelsmann-stiftung.de/fileadmin/files/BSt/Publikationen/GrauePublikationen/LEE_2.pdf, (Stand: 29.03.2024)

3 destatis.de: Gender Pension Gap; URL: https://www.destatis.de/DE/Themen/Querschnitt/Gleichstellungsindikatoren/gender-pension-gap-f33.html (Stand: 29.03.2024). Rechnet man die Hinterbliebenenvorsorge dazu, ist die Lücke dann mit rund 30 Prozent geringer, aber immer noch deutlich. Allerdings wird die eigene Rente auf die Hinterbliebenenvorsorge angerechnet.

4 2019 OECD: Pensions at a Glance (2023), URL: https://www.oecd.org/els/public-pensions/oecd-pensions-at-a-glance-19991363.htm, (Stand 29.03.2024)

5 statista.com: Erwerbstätigenquote der 20-64-Jährigen in Deutschland nach Geschlecht von 2009 bis 2022 (2024), URL: https://de.statista.com/statistik/daten/studie/198921/umfrage/erwerbstaetigenquote-in-deutschland-und-eu-nach-geschlecht, (Stand 29.03.2024)

6 destatis.de: Teilzeitquote nach Geschlecht in der Altersgruppe 15 Jahre und älter (2023), URL: https://www.destatis.de/DE/Themen/Querschnitt/Gleichstellungsindikatoren/tab-Teilzeitquote-nach-geschlecht-f25.html?nn=641904, (Stand: 29.02.2024)

7 destatis.de: 66 % der erwerbstätigen Mütter arbeiten Teilzeit, aber nur 7 % der Väter (2024), URL: https://www.destatis.de/DE/Presse/Pressemitteilungen/2022/03/PD22_N012_12.html, (Stand: 29.03.2024)

8 Maximilian Blömer, Johanna Garnitz, Laura Gärtner, Andreas Peichl, Helene Strandt: Zwischen Wunsch und Wirklichkeit (2021), URL: https://www.bertelsmann-stiftung.de/fileadmin/files/BSt/Publikationen/GrauePublikationen/210330_Studie_Zwischen_Wunsch_und_Wirklichkeit.pdf, (Stand 29.03.2024)

9 bmfsfj.de: Lisa Paus: »Ich entwickle mein Haus zum Gesellschaftsministerium weiter« (2023), URL: https://www.bmfsfj.de/bmfsfj/aktuelles/reden-und-interviews/lisa-paus-ich-entwickle-mein-haus-zum-gesellschaftsministerium-weiter--224110, (Stand: 29.03.2024)

10 tagesschau.de: 1,2 Millionen Arbeitskräfte gesucht (2021), URL: https://www.tagesschau.de/wirtschaft/konjunktur/arbeitskraefte-mittelstand-einwanderer-mangel-101.html, (Stand: 29.03.2024)

11 Michael Tell, Elterngeld.net: Geschichte des Elterngeldes (o.J.), URL: https://www.elterngeld.net/elterngeld-geschichte.html, (Stand: 29.03.2024)

12 destatis.de: Eltern- und Kindergeld (2024), URL: https://www.destatis.de/DE/Themen/Gesellschaft-Umwelt/Soziales/Elterngeld/_inhalt.html, (Stand: 29.03.2024)

13 statistikportal.de: Der Väteranteil im Zeitvergleich (o.J.), URL: https://www.statistikportal.de/de/elterngeld#:~:text=Startseite%20Elterngeld%20V%C3%A4ter%20und%20Elterngeld,einer%20Steigerung%20um%202%2C1%20Prozent, (Stand: 29.03.2024)

14 destatis.de: Eltern- und Kindergeld (2024), a.a.O.

15 destatis.de: Sozialleistungen-Elterngeld (2023), URL: https://www.destatis.de/DE/Themen/Gesellschaft-Umwelt/Soziales/Elterngeld/Tabellen/zeitreihe-vaeteranteil.html, (Stand: 29.03.2024)

16 statista.com: Durchschnittliche (voraussichtliche) Bezugsdauer von Elterngeld von 2016 bis 2022 in Deutschland nach Geschlecht (2024), URL: https://de.statista.com/statistik/daten/studie/1301222/umfrage/elterngeld-durchschnittliche-bezugsdauer-nach-geschlecht-der-eltern, (Stand: 29.03.2024)

17 Osborne Clark: Mutterschutz und Elternzeit auch für Geschäftsführer*innen und Vorstände – Zweites Führungspositionen-Gesetz (FüPoG II) (2022), URL: https://www.osborneclarke-arbeitsrecht.de/artikel/mutterschutz-und-elternzeit-auch-fur-geschaftsfuhrerinnen-und-vorstande-zweites-fuhrungspositionen-gesetz-fupog-ii, (Stand: 29.03.2024)

18 destatis.de: Gender Pay Gap 2022: Frauen verdienten pro Stunde 18 % weniger als Männer (2023), URL: https://www.destatis.de/DE/Presse/Pressemitteilungen/2023/01/PD23_036_621.html, (Stand: 29.03.2024)

19 Ebenda

20 Ebenda

21 diw-Studie von Elke Holst und Anne Marquardt: Die Berufserfahrung in Vollzeit erklärt den Gender Pay Gap bei Führungskräften maßgeblich (2018), URL: https://www.diw.de/documents/publikationen/73/diw_01.c.595014.de/18-30-3.pdf, (Stand: 29.03.2024)

22 Stefan Rank, MDR AKTUELL: Reform des Ehegattensplittings würde sich mehr lohnen als Kürzungen beim Elterngeld (2023), URL: https://www.mdr.de/nachrichten/deutschland/politik/ehegattensplitting-reform-elterngeld-faktencheck-100.html, (Stand: 29.03.2024)

23 Ebenda

24 destatis.de: Daten zum durchschnittlichen Alter der Mutter bei Geburt insgesamt und 1. Kind nach Bundesländern (2023), URL: https://www.destatis.de/DE/Themen/Gesellschaft-Umwelt/Bevoelkerung/Geburten/Tabellen/geburten-mutter-alter-bundeslaender.html, (Stand: 29.03.2024)

25 Ernst & Young GmbH: Frauen in Führungspositionen im deutschen Mittelstand (2021), URL: https://assets.ey.com/content/dam/ey-sites/ey-com/de_de/news/2021/04/ey-mittelstandsbarometer-frauen-in-fuehrungspositionen-2021.pdf, (Stand: 29.03.2024)

26 Allbright Stiftung gGmbH: Generationswechsel als Chance: Familienunternehmen auf dem Weg zu gemischter Führung (2024), URL: https://www.allbright-stiftung.de/berichte, (Stand: 09.05.2024)

27 remote.com: European Life-Work Balance Index: Best life-work balance countries in Europe ranked (2023), URL: https://remote.com/resources/research/european-life-work-balance-index, (Stand: 29.03.2024)

28 Hendrikje Rudnick, Business Insider: Work-Life-Balance: Deutschland belegt in Europa nur Platz vier – was wir von den Gewinnern lernen können (2022), URL: https://www.businessinsider.de/karriere/work-life-balance-deutschland-belegt-in-europa-nur-platz-vier-was-wir-von-den-gewinnern-lernen-koennen, (Stand: 29.03.2024)

29 destatis.de: Frauen in Führungspositionen weiterhin unterrepräsentiert (2023), URL: https://www.destatis.de/Europa/DE/Thema/Bevoelkerung-Arbeit-Soziales/Arbeitsmarkt/Frauenanteil_Fuehrungsetagen.html, (Stand: 29.03.2024)

30 Bettina Sommer, Tim Hochgürtel, bpb.de: Vereinbarkeit von Familie und Beruf (2021), URL: https://www.bpb.de/kurz-knapp/zahlen-und-fakten/datenreport-2021/familie-lebensformen-und-kinder/329573/vereinbarkeit-von-familie-und-beruf, (Stand: 29.03.2024)

31 Hendrikje Rudnick, Business Insider: Work-Life-Balance: Deutschland belegt in Europa nur Platz vier – was wir von den Gewinnern lernen können (2022), a. a. O.

32 destatis.de: Teilzeitquote nach Geschlecht in der Altersgruppe 15 Jahre und älter (2023), a. a. O.

33 destatis.de: Frauen in Führungspositionen (2023), URL: https://www.destatis.de/DE/Themen/Arbeit/Arbeitsmarkt/Qualitaet-Arbeit/Dimension-1/frauen-fuehrungspositionen.html#:~:text=Nur%20jede%20dritte%20F%C3%BChrungskraft%20ist%20eine%20Frau%20Nur,Einf%C3%BChrung%20der%20aktuellen%20Klassifikation%2C%20nur%20wenig%20%28%2B0%2C3%20Prozentpunkte%29, (Stand: 29.03.2024)

34 Karin Aebischer, Dominik Neuhaus, nau.ch: Wollen mehr Freizeit: Beeinflusst die Gen Z jetzt schon die Boomer? (2024), URL: https://www.nau.ch/news/schweiz/wollen-mehr-freizeit-beeinflusst-die-gen-z-jetzt-schon-die-boomer-66715133, (Stand: 29.03.2024)

35 Elyas K., arbeitsrechte.de: Elternzeit: Wird das Gehalt weiterhin gezahlt? (2024), URL: https://www.arbeitsrechte.de/elternzeit-gehalt, (Stand: 29.03.2024)

36 Sandra Stalinski, tagesschau.de: Wie Mutterschutz und Elterngeld geregelt sind (2019), URL: https://www.tagesschau.de/ausland/mutterschutz-elternzeit-eu-101.html, (Stand: 29.03.2024)

37 Ebenda

38 Ebenda

39 Ebenda

40 Ebenda

41 Ebenda

42 Ebenda

43 Thomas Bahle, bpb.de: Familienpolitik in den EU-Staaten: Unterschiede und Gemeinsamkeiten (2017), URL: https://www.bpb.de/themen/familie/familienpolitik/246763/familienpolitik-in-den-eu-staaten-unterschiede-und-gemeinsamkeiten, (Stand: 29.03.2024)

44 Kathrin Mahler Walther, tchibo.com: Kind und Karriere: Was die

Skandinavier uns voraus haben (2013), URL: https://www.tchibo.com/blog/kind-und-karriere-was-die-skandinavier-uns-voraus-haben, (Stand: 29.03.2024)

45 Thomas Bahle, bpb.de: Familienpolitik in den EU-Staaten: Unterschiede und Gemeinsamkeiten (2017), a.a.O.

46 Thomas Bahle, bpb.de: Familienpolitik in den EU-Staaten: Unterschiede und Gemeinsamkeiten (2017), a.a.O.

47 Prof. Heather Hofmeister und Lena Hünefeld, bpb.de: Frauen in Führungspositionen (2010), URL: https://www.bpb.de/themen/gender-diversitaet/frauen-in-deutschland/49400/frauen-in-fuehrungspositionen/#:~:text=Frauen%20sind%20mit%20M%C3%A4nnern%20juristisch,%28%C2%A9%20dpa, (Stand: 29.03.2024)

48 Forskning.se: Trygga pappor tar mest pappaledigt (2022), URL: https://www.forskning.se/2023/01/30/trygga-pappor-tar-mest-pappaledigt, (Stand: 29.03.2024)

49 Murmamm Verlag: Es darf auch leicht sein. Der Befreiungsschlag für eine Karriere auf Augenhöhe (2024), URL: https://www.murmann-verlag.de/products/es-darf-auch-leicht-sein-der-befreiungsschlag-fur-eine-karriere-auf-augenhohe, (Stand: 29.03.2024)

50 Harvard University: InBrief: The Science of Early Childhood Development (2007), URL: https://developingchild.harvard.edu/resources/inbrief-science-of-ecd, (Stand: 29.03.2024)

51 equalcareday.org: Die »Last der Verantwortung« (o.J.), URL: https://equalcareday.org/mental-load, (Stand: 29.03.2024)

52 spiegel.de: Das Stresslevel bei Eltern steigt (2024), URL: https://www.spiegel.de/panorama/eltern-beklagen-immer-mehr-stress-a-26047343-e189-4713-8b60-220e9c50dbb5, (Stand: 29.03.2024)

53 Jenny Weber, eltern.de: »Mütter sind einer besonderen Form von Stress und Spannung ausgesetzt« (2024), URL: https://www.eltern.de/gesundheit-ernaehrung/burnout-bei-muettern--das-sind-die-warnsignale-13718594.html, (Stand: 29.03.2024)

54 Sandra Campana, kpt.ch: Die unsichtbare Last: Wie Mental Load Stress erzeugt (2023), URL: https://www.kpt.ch/de/magazin/die-unsichtbare-last-mental-load, (Stand: 29.03.2024)

55 Maria Bergler: 30 Minuten Mental Load meistern (2024), Offenbach: GABAL

56 destatis.de: Familien (o.J.), URL: https://www.destatis.de/DE/Themen/

Gesellschaft-Umwelt/Bevoelkerung/Haushalte-Familien/Glossar/familien.
html, (Stand: 29.03.2024)

57 Melanie Hausler: Glückliche Kängurus springen höher: Impulse aus
Glücksforschung und Positiver Psychologie (2019), Paderborn:
Junfermann

58 Ebenda

59 John Strelecky: The Big Five for Live (2009), München: dtv, 39. Auflage

60 Maria Bergler: 30 Minuten Mental Load meistern, a. a. O.

61 Lise Eliot (2011), Fachartikel »The trouble with sex differences«, Cell
Press, Neuron, 72 (6), Seite 895–898

62 businessinsider.de: Steve Jobs brauchte nur zwei Sätze, um zu erklären,
was viele Unternehmen bei ihren besten Angestellten falsch machen
(2022), URL: https://www.businessinsider.de/karriere/arbeitsleben/steve-
jobs-erklaerte-was-viele-unternehmen-bei-besten-angestellten-falsch-
machen-r3, (Stand: 29.03.2024)

63 Theresa Hein, jetzt.de: Warum haben manche Menschen so viel mehr
Energie als ich? (2018), URL: https://www.jetzt.de/gutes-leben/
chill-mal-deine-basis, (Stand: 29.03.2024)

64 gedankenwelt.de: Ein Leben ohne Erwartungen (2016), URL: https://
gedankenwelt.de/ein-leben-ohne-erwartungen/#google_vignette,
(Stand: 29.03.2024)

65 Nadja Pohr, bw24.de: In dieser Stadt in Baden-Württemberg sind die
Kita-Gebühren deutschlandweit am höchsten (2024), URL: https://
www.bw24.de/baden-wuerttemberg/teuersten-kita-gebuehren-
deutschland-stadt-heilbronn-baden-wuerttemberg-zr-92859372.html,
(Stand: 29.03.2024)

66 bodendairy.com: Survey Says: Glass Half-Full Thinkers Drink More Milk
(2019), URL: https://www.bordendairy.com/announcement/survey-says-
glass-half-full-thinkers-drink-more-milk, (Stand: 29.03.2024)

67 imagexinnovation.com: Die Persönlichkeit Unterschiede zwischen
»Glas-halb-voll« und »Glas halb leer« Menschen (2020), URL: https://
imagexinnovation.com/die-persoenlichkeit-unterschiede-zwischen-glas-
halb-voll-und-glas-halb-leer-menschen, (Stand: 29.03.2024)

68 rtl.de: Mutterschutz im Vergleich: In welchen europäischen Ländern
werden Mütter unterstützt? (2017), URL: https://www.rtl.de/cms/
mutterschutz-im-vergleich-in-welchen-europaeischen-laendern-werden-
muetter-unterstuetzt-4080727.html, (Stand: 29.03.2024)

69 familienportal.de: Was ist Elternzeit? (o.J.), URL: https://familienportal.de/familienportal/familienleistungen/elternzeit/faq, (Stand: 29.03.2024)

70 Yvonne Nagel, elterngeld.de: Was du bei der Weiterbildung in der Elternzeit beachten solltest (2022), URL: https://www.elterngeld.de/weiterbildung-in-der-elternzeit, (Stand: 29.03.2024)

71 Ebenda

72 Sina Osterholt, wiwo.de: Die 10 besten Zitate erfolgreicher Unternehmer und Manager (2021), URL: https://www.wiwo.de/erfolg/management/wuerth-grupp-knobel-und-co-die-10-besten-zitate-erfolgreicher-unternehmer-und-manager/26920130.html, (Stand: 29.03.2024)

73 Hans-Jürgen Kratz, 30 Minuten Richtiges Feedback (2012), Offenbach: GABAL

74 Julia Lakaemper: Warum dich Zeit in der Natur schlauer, stärker und spiritueller macht (o.J.), URL: https://julia-lakaemper.com/natur, (Stand: 29.03.2024)

75 Robert Eggert: Walking Meeting – Ein Spaziergang mit kreativem Potenzial, URL: https://www.meetinn.de/knowledgebase/walking-meeting, (Stand: 09.05.2024)

76 Áine Cain, businessinsider.de: Ein Tag im Leben von Richard Branson, der um 5 Uhr morgens aufsteht, Krawatten hasst und 20 Tassen Tee trinkt (2018), URL: https://www.businessinsider.de/wirtschaft/richard-branson-das-ist-seine-verrueckte-tagesroutine-2018-3, (Stand: 29.03.2024)

77 almtalonline.de: Hier ist der Grund, warum erfolgreiche Unternehmer regelmäßig Sport treiben (o.J.), URL: https://almtalonline.at/here-s-why-successful-entrepreneurs-exercise-regularly, (Stand: 29.03.2024)

78 Louisa Lagé, wiwo.de: Sport verhilft zu mehr Erfolg im Beruf (2017), URL: https://www.wiwo.de/erfolg/koerperliche-fitness-sport-verhilft-zu-mehr-erfolg-im-beruf/19761730.html, (Stand: 29.03.2024)

79 Julia Lakaemper: Warum dich Zeit in der Natur schlauer, stärker und spiritueller macht, a.a.O.

80 kompass.de: Raus in die Natur: Mindestens 2 Stunden pro Woche machen Dich glücklicher (o.J.), URL: https://www.kompass.de/magazin/aktuelles/raus-in-die-natur-mindestens-2-stunden-pro-woche-machen-dich-gluecklicher, (Stand: 29.03.2024)

81 wikipedia.org: Blaue Zone (Demographie)(o.J.), URL: https://de.wikipedia.org/wiki/Blaue_Zone_(Demographie), (Stand: 29.03.2024)

82 Alexander Scherb, meinschlaf.de: Schlafhygiene (2023), URL: https://
meinschlaf.de/schlaflexikon/schlafhygiene-regeln-949, (Stand: 29.03.2024)

83 Anne Jeschke und Marie-Charlotte Maas, zeit.de: »Männer, die Teilzeit
wollen, erscheinen offenbar als suspekt« (2023), URL: https://www.zeit.
de/arbeit/2023-09/vaeter-teilzeit-arbeitszeit-gleichberechtigung-maenner,
(Stand: 29.03.2024)

84 Jochen Mai, karrierebibel.de: Telearbeit: Unterschied zu Homeoffice,
Rechte, Vor- und Nachteile (o.J.), URL: https://karrierebibel.de/
telearbeit/#Definition:%20Was%20ist%20Telearbeit, (Stand: 29.03.2024)

85 statista.com, Florian Zandt: 6 von 10 deutschen Unternehmen bieten
Homeoffice an (2023), URL: https://de.statista.com/infografik/30606/
gewichteter-anteil-deutscher-unternehmen-die-remote-arbeit-anbieten,
(Stand: 29.03.2024)

86 handelsblatt.com: Diese Arbeitgeber setzen auf Homeoffice (2023),
URL: https://www.handelsblatt.com/unternehmen/mittelstand/remote-
work-ranking-diese-arbeitgeber-setzen-auf-homeoffice/29511452.html,
(Stand: 29.03.2024)

87 Julia Colonia, juliacolonia.de: 34 spannende Remote Unternehmen &
Jobs deutschsprachig (2022), URL: https://juliacolonia.de/remote-
unternehmen-jobs-deutschland, (Stand: 29.03.2024)

88 Diana Dittmer, n-tv.de: »Nur die wenigsten wollen ihre Macht im Job
teilen« (2023), URL: https://www.n-tv.de/wirtschaft/Nur-die-wenigsten-
wollen-ihre-Macht-im-Job-teilen-article24599010.html, (Stand:
29.03.2024)

89 strive-magazine.de: Managerin und Mama: Wie der Spagat ohne Krampf
gelingt (2023), URL: https://www.strive-magazine.de/post/managerin-
und-mama-wie-der-spagat-ohne-krampf-gelingt, (Stand: 29.03.2024)

90 malesfelsen.de: Kita und Grundschule Malesfelsen, URL: https://
malesfelsen.de, (Stand: 29.03.2024)

91 Johanna Fink: So wird Führung in Teilzeit zum Erfolg! Das Praxisbuch für
Teilzeit-Führungskräfte (2024), Offenbach: GABAL

92 Andrea Hartmair, managermama.de, URL: https://www.managerma-
ma.de/blog/interview-enablement-ist-das-neue-management, (Stand:
09.05.2024)

Die Autorin

Andrea Hartmair ist Gründerin und CEO von GOLDSTÜCK, Autorin und ManagerMama.

Energie, Leidenschaft und Kommunikation pur – dafür steht Andrea Hartmair. Sie ist seit über 20 Jahren Marketing- und Kommunikationsexpertin. Ihr Herzblut für Kommunikation und Sichtbarkeit treffen auf ihre Erfahrungen als Managerin und Mama. Diese Kombination ist so rar, dass Andrea Hartmair 2021 ihren Blog »ManagerMama.de« initiierte. Damit folgt sie ihrer Vision, die Vereinbarkeit von Familie und Karriere hundertprozentig salonfähig zu machen.

Nach einer Bilderbuchkarriere im Mittelstand hat die Zwillingsmama 2022 ihre eigene Beratung für C-Level-Kommunikation und Ghostwriting gegründet. 2024 folgte ihre Boutique-Beratung GOLDSTÜCK, mit der sie Unternehmensnachfolgerinnen ganzheitlich in Sachen Branding, Kommunikation und Sichtbarkeit begleitet.

Doch damit nicht genug: Nun trägt die zweifache Spiegel-Bestseller-Ghostwriterin und Autorin mehrerer Kinderbücher ihr Herzensthema »ManagerMama« mit diesem Werk hinaus in die Welt.